全国高等职业教育药品类专业

国家卫生健康委员会"十三五"规划教材

供药学类、药品制造类、食品药品管理类、
食品工业类专业用

仪器分析

U0292232

主　编　任玉红　闫冬良

副主编　刘　浩　叶桦珍　王文洁

主　审　王　杰

编　者　（以姓氏笔画为序）

王　磊　（沧州医学高等专科学校）　　　　闫冬良　（南阳医学高等专科学校）

王文洁　（天津医学高等专科学校）　　　　庞晓红　（黑龙江护理高等专科学校）

王艳红　（山东药品食品职业学院）　　　　孟　璐　（黑龙江农垦职业学院）

叶桦珍　（福建卫生职业技术学院）　　　　梁芳慧　（长春医学高等专科学校）

任玉红　（山东药品食品职业学院）　　　　程永杰　（山西药科职业学院）

刘　浩　（广东食品药品职业学院）

人民卫生出版社

图书在版编目（CIP）数据

仪器分析/任玉红，闫冬良主编. —北京：人民
卫生出版社,2018
ISBN 978-7-117-25764-0

Ⅰ.①仪…　Ⅱ.①任…②闫…　Ⅲ.①仪器分析-高
等职业教育-教材　Ⅳ.①O657

中国版本图书馆 CIP 数据核字(2018)第 098873 号

| 人卫智网 | www. ipmph. com | 医学教育、学术、考试、健康，购书智慧智能综合服务平台 |
| 人卫官网 | www. pmph. com | 人卫官方资讯发布平台 |

仪 器 分 析

主　　编：任玉红　闫冬良
出版发行：人民卫生出版社(中继线 010-59780011)
地　　址：北京市朝阳区潘家园南里 19 号
邮　　编：100021
E – mail：pmph @ pmph. com
购书热线：010-59787592　010-59787584　010-65264830
印　　刷：河北博文科技印务有限公司
经　　销：新华书店
开　　本：850×1168　1/16　印张：14
字　　数：329 千字
版　　次：2018 年 12 月第 1 版　2025 年 1 月第 1 版第 14 次印刷
标准书号：ISBN 978-7-117-25764-0
定　　价：36.00 元

全国高等职业教育药品类专业国家卫生健康委员会
"十三五"规划教材出版说明

《国务院关于加快发展现代职业教育的决定》《高等职业教育创新发展行动计划（2015-2018年）》《教育部关于深化职业教育教学改革全面提高人才培养质量的若干意见》等一系列重要指导性文件相继出台，明确了职业教育的战略地位、发展方向。为全面贯彻国家教育方针，将现代职教发展理念融入教材建设全过程，人民卫生出版社组建了全国食品药品职业教育教材建设指导委员会。在该指导委员会的直接指导下，经过广泛调研论证，人民卫生出版社启动了全国高等职业教育药品类专业第三轮规划教材的修订出版工作。

本套规划教材首版于 2009 年，于 2013 年修订出版了第二轮规划教材，其中部分教材入选了"十二五"职业教育国家规划教材。本轮规划教材主要依据教育部颁布的《普通高等学校高等职业教育（专科）专业目录（2015 年）》及 2017 年增补专业，调整充实了教材品种，涵盖了药品类相关专业的主要课程。全套教材为国家卫生健康委员会"十三五"规划教材，是"十三五"时期人卫社重点教材建设项目。本轮教材继续秉承"五个对接"的职教理念，结合国内药学类专业高等职业教育教学发展趋势，科学合理推进规划教材体系改革，同步进行了数字资源建设，着力打造本领域首套融合教材。

本套教材重点突出如下特点：

1. **适应发展需求，体现高职特色**　本套教材定位于高等职业教育药品类专业，教材的顶层设计既考虑行业创新驱动发展对技术技能型人才的需要，又充分考虑职业人才的全面发展和技术技能型人才的成长规律；既集合了我国职业教育快速发展的实践经验，又充分体现了现代高等职业教育的发展理念，突出高等职业教育特色。

2. **完善课程标准，兼顾接续培养**　本套教材根据各专业对应从业岗位的任职标准优化课程标准，避免重要知识点的遗漏和不必要的交叉重复，以保证教学内容的设计与职业标准精准对接，学校的人才培养与企业的岗位需求精准对接。同时，本套教材顺应接续培养的需要，适当考虑建立各课程的衔接体系，以保证高等职业教育对口招收中职学生的需要和高职学生对口升学至应用型本科专业学习的衔接。

3. **推进产学结合，实现一体化教学**　本套教材的内容编排以技能培养为目标，以技术应用为主线，使学生在逐步了解岗位工作实践，掌握工作技能的过程中获取相应的知识。为此，在编写队伍组建上，特别邀请了一大批具有丰富实践经验的行业专家参加编写工作，与从全国高职院校中遴选出的优秀师资共同合作，确保教材内容贴近一线工作岗位实际，促使一体化教学成为现实。

4. **注重素养教育，打造工匠精神**　在全国"劳动光荣、技能宝贵"的氛围逐渐形成，"工匠精神"在各行各业广为倡导的形势下,医药卫生行业的从业人员更要有崇高的道德和职业素养。教材更加强调要充分体现对学生职业素养的培养,在适当的环节,特别是案例中要体现出药品从业人员的行为准则和道德规范,以及精益求精的工作态度。

5. 培养创新意识,提高创业能力 为有效地开展大学生创新创业教育,促进学生全面发展和全面成才,本套教材特别注意将创新创业教育融入专业课程中,帮助学生培养创新思维,提高创新能力、实践能力和解决复杂问题的能力,引导学生独立思考、客观判断,以积极的、锲而不舍的精神寻求解决问题的方案。

6. 对接岗位实际,确保课证融通 按照课程标准与职业标准融通,课程评价方式与职业技能鉴定方式融通,学历教育管理与职业资格管理融通的现代职业教育发展趋势,本套教材中的专业课程,充分考虑学生考取相关职业资格证书的需要,其内容和实训项目的选取尽量涵盖相关的考试内容,使其成为一本既是学历教育的教科书,又是职业岗位证书的培训教材,实现"双证书"培养。

7. 营造真实场景,活化教学模式 本套教材在继承保持人卫版职业教育教材栏目式编写模式的基础上,进行了进一步系统优化。例如,增加了"导学情景",借助真实工作情景开启知识内容的学习;"复习导图"以思维导图的模式,为学生梳理本章的知识脉络,帮助学生构建知识框架。进而提高教材的可读性,体现教材的职业教育属性,做到学以致用。

8. 全面"纸数"融合,促进多媒体共享 为了适应新的教学模式的需要,本套教材同步建设以纸质教材内容为核心的多样化的数字教学资源,从广度、深度上拓展纸质教材内容。通过在纸质教材中增加二维码的方式"无缝隙"地链接视频、动画、图片、PPT、音频、文档等富媒体资源,丰富纸质教材的表现形式,补充拓展性的知识内容,为多元化的人才培养提供更多的信息知识支撑。

本套教材的编写过程中,全体编者以高度负责、严谨认真的态度为教材的编写工作付出了诸多心血,各参编院校对编写工作的顺利开展给予了大力支持,从而使本套教材得以高质量如期出版,在此对有关单位和各位专家表示诚挚的感谢!教材出版后,各位教师、学生在使用过程中,如发现问题请反馈给我们(renweiyaoxue@163.com),以便及时更正和修订完善。

人民卫生出版社

2018 年 3 月

全国高等职业教育药品类专业国家卫生健康委员会
"十三五"规划教材
教材目录

序号	教材名称	主编		适用专业
1	人体解剖生理学(第3版)	贺 伟	吴金英	药学类、药品制造类、食品药品管理类、食品工业类
2	基础化学(第3版)	傅春华	黄月君	药学类、药品制造类、食品药品管理类、食品工业类
3	无机化学(第3版)	牛秀明	林 珍	药学类、药品制造类、食品药品管理类、食品工业类
4	分析化学(第3版)	李维斌	陈哲洪	药学类、药品制造类、食品药品管理类、医学技术类、生物技术类
5	仪器分析	任玉红	闫冬良	药学类、药品制造类、食品药品管理类、食品工业类
6	有机化学(第3版)*	刘 斌	卫月琴	药学类、药品制造类、食品药品管理类、食品工业类
7	生物化学(第3版)	李清秀		药学类、药品制造类、食品药品管理类、食品工业类
8	微生物与免疫学*	凌庆枝	魏仲香	药学类、药品制造类、食品药品管理类、食品工业类
9	药事管理与法规(第3版)	万仁甫		药学类、药品经营与管理、中药学、药品生产技术、药品质量与安全、食品药品监督管理
10	公共关系基础(第3版)	秦东华	惠 春	药学类、药品制造类、食品药品管理类、食品工业类
11	医药数理统计(第3版)	侯丽英		药学、药物制剂技术、化学制药技术、中药制药技术、生物制药技术、药品经营与管理、药品服务与管理
12	药学英语	林速容	赵 旦	药学、药物制剂技术、化学制药技术、中药制药技术、生物制药技术、药品经营与管理、药品服务与管理
13	医药应用文写作(第3版)	张月亮		药学、药物制剂技术、化学制药技术、中药制药技术、生物制药技术、药品经营与管理、药品服务与管理

序号	教材名称	主编	适用专业
14	医药信息检索(第3版)	陈 燕 李现红	药学、药物制剂技术、化学制药技术、中药制药技术、生物制药技术、药品经营与管理、药品服务与管理
15	药理学(第3版)	罗跃娥 樊一桥	药学、药物制剂技术、化学制药技术、中药制药技术、生物制药技术、药品经营与管理、药品服务与管理
16	药物化学(第3版)	葛淑兰 张彦文	药学、药品经营与管理、药品服务与管理、药物制剂技术、化学制药技术
17	药剂学(第3版)*	李忠文	药学、药品经营与管理、药品服务与管理、药品质量与安全
18	药物分析(第3版)	孙 莹 刘 燕	药学、药品质量与安全、药品经营与管理、药品生产技术
19	天然药物学(第3版)	沈 力 张 辛	药学、药物制剂技术、化学制药技术、生物制药技术、药品经营与管理
20	天然药物化学(第3版)	吴剑峰	药学、药物制剂技术、化学制药技术、生物制药技术、中药制药技术
21	医院药学概要(第3版)	张明淑 于 倩	药学、药品经营与管理、药品服务与管理
22	中医药学概论(第3版)	周少林 吴立明	药学、药物制剂技术、化学制药技术、中药制药技术、生物制药技术、药品经营与管理、药品服务与管理
23	药品营销心理学(第3版)	丛 媛	药学、药品经营与管理
24	基础会计(第3版)	周凤莲	药品经营与管理、药品服务与管理
25	临床医学概要(第3版)*	曾 华	药学、药品经营与管理
26	药品市场营销学(第3版)*	张 丽	药学、药品经营与管理、中药学、药物制剂技术、化学制药技术、生物制药技术、中药制剂技术、药品服务与管理
27	临床药物治疗学(第3版)*	曹 红	药学、药品经营与管理、药品服务与管理
28	医药企业管理	戴 宇 徐茂红	药品经营与管理、药学、药品服务与管理
29	药品储存与养护(第3版)	徐世义 宫淑秋	药品经营与管理、药学、中药学、药品生产技术
30	药品经营管理法律实务(第3版)*	李朝霞	药品经营与管理、药品服务与管理
31	医学基础(第3版)	孙志军 李宏伟	药学、药物制剂技术、生物制药技术、化学制药技术、中药制药技术
32	药学服务实务(第2版)	秦红兵 陈俊荣	药学、中药学、药品经营与管理、药品服务与管理

序号	教材名称	主编	适用专业
33	药品生产质量管理(第3版)*	李 洪	药物制剂技术、化学制药技术、中药制药技术、生物制药技术、药品生产技术
34	安全生产知识(第3版)	张之东	药物制剂技术、化学制药技术、中药制药技术、生物制药技术、药学
35	实用药物学基础(第3版)	丁 丰 张 庆	药学、药物制剂技术、生物制药技术、化学制药技术
36	药物制剂技术(第3版)*	张健泓	药学、药物制剂技术、化学制药技术、生物制药技术
	药物制剂综合实训教程	胡 英 张健泓	药学、药物制剂技术、药品生产技术
37	药物检测技术(第3版)	甄会贤	药品质量与安全、药物制剂技术、化学制药技术、药学
38	药物制剂设备(第3版)	王 泽	药品生产技术、药物制剂技术、制药设备应用技术、中药生产与加工
39	药物制剂辅料与包装材料(第3版)*	张亚红	药物制剂技术、化学制药技术、中药制药技术、生物制药技术、药学
40	化工制图(第3版)	孙安荣	化学制药技术、生物制药技术、中药制药技术、药物制剂技术、药品生产技术、食品加工技术、化工生物技术、制药设备应用技术、医疗设备应用技术
41	药物分离与纯化技术(第3版)	马 娟	化学制药技术、药学、生物制药技术
42	药品生物检定技术(第2版)	杨元娟	药学、生物制药技术、药物制剂技术、药品质量与安全、药品生物技术
43	生物药物检测技术(第2版)	兰作平	生物制药技术、药品质量与安全
44	生物制药设备(第3版)*	罗合春 贺 峰	生物制药技术
45	中医基本理论(第3版)*	叶玉枝	中药制药技术、中药学、中药生产与加工、中医养生保健、中医康复技术
46	实用中药(第3版)	马维平 徐智斌	中药制药技术、中药学、中药生产与加工
47	方剂与中成药(第3版)	李建民 马 波	中药制药技术、中药学、药品生产技术、药品经营与管理、药品服务与管理
48	中药鉴定技术(第3版)*	李炳生 易东阳	中药制药技术、药品经营与管理、中药学、中草药栽培技术、中药生产与加工、药品质量与安全、药学
49	药用植物识别技术	宋新丽 彭学著	中药制药技术、中药学、中草药栽培技术、中药生产与加工

序号	教材名称	主编	适用专业
50	中药药理学(第3版)	袁先雄	药学、中药学、药品生产技术、药品经营与管理、药品服务与管理
51	中药化学实用技术(第3版)*	杨 红　郭素华	中药制药技术、中药学、中草药栽培技术、中药生产与加工
52	中药炮制技术(第3版)	张中社　龙全江	中药制药技术、中药学、中药生产与加工
53	中药制药设备(第3版)	魏增余	中药制药技术、中药学、药品生产技术、制药设备应用技术
54	中药制剂技术(第3版)	汪小根　刘德军	中药制药技术、中药学、中药生产与加工、药品质量与安全
55	中药制剂检测技术(第3版)	田友清　张钦德	中药制药技术、中药学、药学、药品生产技术、药品质量与安全
56	药品生产技术	李丽娟	药品生产技术、化学制药技术、生物制药技术、药品质量与安全
57	中药生产与加工	庄义修　付绍智	药学、药品生产技术、药品质量与安全、中药学、中药生产与加工

说明：* 为"十二五"职业教育国家规划教材。全套教材均配有数字资源。

全国食品药品职业教育教材建设指导委员会
成员名单

主 任 委 员： 姚文兵　中国药科大学

副主任委员： 刘　斌　天津职业大学　　　　　　马　波　安徽中医药高等专科学校

冯连贵　重庆医药高等专科学校　　袁　龙　江苏省徐州医药高等职业学校

张彦文　天津医学高等专科学校　　缪立德　长江职业学院

陶书中　江苏食品药品职业技术学院　张伟群　安庆医药高等专科学校

许莉勇　浙江医药高等专科学校　　罗晓清　苏州卫生职业技术学院

昝雪峰　楚雄医药高等专科学校　　葛淑兰　山东医学高等专科学校

陈国忠　江苏医药职业学院　　　　孙勇民　天津现代职业技术学院

委　　　员（以姓氏笔画为序）：

于文国　河北化工医药职业技术学院　　杨元娟　重庆医药高等专科学校

王　宁　江苏医药职业学院　　　　　　杨先振　楚雄医药高等专科学校

王玮瑛　黑龙江护理高等专科学校　　　邹浩军　无锡卫生高等职业技术学校

王明军　厦门医学高等专科学校　　　　张　庆　济南护理职业学院

王峥业　江苏省徐州医药高等职业学校　张　建　天津生物工程职业技术学院

王瑞兰　广东食品药品职业学院　　　　张　铎　河北化工医药职业技术学院

牛红云　黑龙江农垦职业学院　　　　　张志琴　楚雄医药高等专科学校

毛小明　安庆医药高等专科学校　　　　张佳佳　浙江医药高等专科学校

边　江　中国医学装备协会康复医学　　张健泓　广东食品药品职业学院

　　　　装备技术专业委员会　　　　　张海涛　辽宁农业职业技术学院

师邱毅　浙江医药高等专科学校　　　　陈芳梅　广西卫生职业技术学院

吕　平　天津职业大学　　　　　　　　陈海洋　湖南环境生物职业技术学院

朱照静　重庆医药高等专科学校　　　　罗兴洪　先声药业集团

刘　燕　肇庆医学高等专科学校　　　　罗跃娥　天津医学高等专科学校

刘玉兵　黑龙江农业经济职业学院　　　郏枝花　安徽医学高等专科学校

刘德军　江苏省连云港中医药高等职业　金浩宇　广东食品药品职业学院

　　　　技术学校　　　　　　　　　　周双林　浙江医药高等专科学校

孙　莹　长春医学高等专科学校　　　　郝晶晶　北京卫生职业学院

严　振　广东省药品监督管理局　　　　胡雪琴　重庆医药高等专科学校

李　霞　天津职业大学　　　　　　　　段如春　楚雄医药高等专科学校

李群力　金华职业技术学院　　　　　　袁加程　江苏食品药品职业技术学院

莫国民　上海健康医学院

顾立众　江苏食品药品职业技术学院

倪　峰　福建卫生职业技术学院

徐一新　上海健康医学院

黄丽萍　安徽中医药高等专科学校

黄美娥　湖南食品药品职业学院

晨　阳　江苏医药职业学院

葛　虹　广东食品药品职业学院

蒋长顺　安徽医学高等专科学校

景维斌　江苏省徐州医药高等职业学校

潘志恒　天津现代职业技术学院

前　言

　　《仪器分析》是全国高等职业教育药品类专业国家卫生健康委员会"十三五"规划教材,是高等职业院校药学类、药品制造类、食品药品管理类、食品工业类等专业学生必修的一门专业基础课程。

　　本教材依据《国务院关于加快发展现代职业教育的决定》《现代职业教育体系建设规划(2017—2020)》及《普通高等学校高等职业教育(专科)专业目录(2015年)》等文件的相关要求,编写内容力求既结合实际,又面向未来,遵循"实用、适用、能学、会用及先进性"的原则,在编写纸质教材的同时,同步进行多元化数字教学资源建设,打造"以学生为中心、以课程为基础、以纸质为载体、以网络为纽带、以融合促共享"的职业化融合教材。

　　为了便于教学和学生学习,编写体例新颖,主要包含导学情景、知识链接、课堂活动、点滴积累、目标检测、拓展资源等栏目。实例素材来自于企业的真实检验案例,实用和适用,方便学习和理解。编写方式注重图文并茂、深入浅出地介绍基本原理、突出实际应用,注意与职业标准和生产过程的对接。教材编写坚持以就业为导向,突出职业能力培养,融入行业标准;重视培养学生的职业岗位能力,围绕职业活动,突出岗位操作技能,尽量缩短教学与生产的距离。通过本课程的学习,使学生具备从事现代仪器分析技术所必备的素质、知识与技能,初步树立全面质量意识,逐步形成严谨的科学作风,培养学生发现问题、解决问题的能力以及创新意识,注意体现对学生的可持续发展能力、继续学习能力和综合素质的培养。

　　本教材由山东药品食品职业学院任玉红和南阳医学高等专科学校闫冬良两位老师担任主编,由沧州医学高等专科学校王磊(第一章)、黑龙江农垦职业学院孟璐(第二章)、南阳医学高等专科学校闫冬良(第三章)、广东食品药品职业学院刘浩(第四章)、山东药品食品职业学院王艳红(第五章)、山西药科职业学院程永杰(第六章)、天津医学高等专科学校王文洁(第七章)、山东药品食品职业学院任玉红(绪论及第八章)、长春医学高等专科学校梁芳慧(第九章)、福建卫生职业技术学院叶桦珍(第十章)、黑龙江护理高等专科学校庞晓红(第十一章)等10多所院校老师合作编写,由山东省食品药品检验研究院王杰担任主审。参编教师都具有丰富的仪器分析教学和实践经验,在编写中也参阅了很多书籍和文献资料。

　　教材的顺利出版,离不开各编委所在院校的大力支持,离不开人民卫生出版社和编辑所倾注的辛勤努力,在此一并致谢。

　　限于编者水平,教材编写中可能存在某些不足之处,希望广大师生提出宝贵意见,以便不断修订完善。

编　者

2018年11月

目　录

绪　论

ER-绪论PPT

导学情景 ∨

情景描述

　　兴奋剂被列为体育禁药，运动员服用兴奋剂会影响赛事的公平并受到严厉惩罚。因此运动员在赛前、赛后甚至平时都要接受尿样检测，以确定其是否服用兴奋剂。兴奋剂不仅种类多而且在体液中的浓度非常低，要查出 1ml 尿液中含有 2ng 的兴奋剂，就相当于在标准游泳池（50m×25m）的水量中放入一小勺糖，取样进行化验时还能检测出糖。如此高灵敏度的检测技术，离不开先进的仪器分析技术和手段。仪器分析技术已成为医药、食品、化工等领域分析测试的重要方法和化学研究的重要手段。

学前导语

　　仪器分析是什么，与化学分析相比具有哪些特点，仪器分析方法包括哪几类，其应用与发展趋势如何呢？本章将介绍相关内容。

第一节　概述

一、仪器分析法的任务与作用

　　研究物质的化学组成、含量、结构和形态等化学信息的科学，称为分析化学。分析化学根据方法原理和操作方式不同可分为化学分析法和仪器分析法。

　　化学分析法是以物质的化学反应及其计量关系为基础的分析方法，主要有重量分析法和滴定分析法。化学分析法主要用于常量和半微量分析，所用仪器简单，结果准确度较高，但方法不够灵敏。

　　仪器分析法是在化学分析法的基础上逐步发展起来的一类分析方法，是以物质的物理性质和物理化学性质为基础的分析方法，一般用于微量或痕量组分的分析。由于这类方法通常要使用较特殊的仪器，因而称之为"仪器分析"。

　　随着科学技术和精密仪器制造业的迅猛发展，仪器分析方法也得到了不断创新和进步，其应用领域不断扩大，已成为药学、医学检验、食品、预防医学等学科不可或缺的分析手段。因此，常用仪器分析的基本原理和实验技术是上述领域从业人员必须掌握的基础知识和基本技能。在学校教育中，仪器分析已成为重要的专业基础课，必须引起广大师生的高度重视。

知识链接

各种分析方法的试样用量

分析方法根据分析试样取用量多少可分为：常量分析（试样用量 >100mg，试液体积 >10ml）、半微量分析（试样用量 10~100mg，试液体积 1~10ml）、微量分析（试样用量 0.1~10mg，试液体积 0.01~1ml）和超微量分析（试样用量 <0.1mg，试液体积 <0.01ml）。

分析方法根据组分含量多少可分为：常量组分（组分含量 >1%）分析、微量组分（组分含量 0.01%~1%）分析、痕量组分（组分含量 <0.01%）分析和超痕量组分（组分含量 <0.0001%）分析。

二、仪器分析法的特点

仪器分析法用于试样组分的分析具有以下特点：

1. 操作简便，分析速度快　例如，高效液相色谱法只要数分钟，就可以分离数十种化合物。

2. 灵敏度高，选择性好　大多数仪器分析技术适用于微量、痕量分析，质量分数可达 10^{-8} 或 10^{-9} 数量级，甚至达 10^{-12} 数量级。许多分析仪器可以通过选择或调整测试条件，使试样中共存组分的测定互不产生干扰，体现出仪器分析方法较好的选择性。

3. 自动化程度高　由于仪器多是微机终端控制，容易实现样品的在线分析和遥控监测。

4. 用途广泛　能适应工农业生产和科学研究的各种分析要求，除能进行定性分析及定量分析外，还能进行结构分析、物相分析、价态分析等。

5. 样品用量少　化学分析法样品取用量为 $10^{-1}~10^{-4}$g；仪器分析样品取用量常为 $10^{-2}~10^{-8}$g，且可进行不破坏样品的无损分析，并适于复杂组成样品的分析。

6. 分析成本较高　仪器设备结构较复杂，价格较昂贵，维护成本较高，某些仪器对工作环境和安装条件要求较高等。

7. 相对误差比较大　相对误差通常在百分之几，有的甚至更大。因此，对常量组分分析不能达到化学分析所具有的高准确度，在选择方法时需要考虑。

除此之外，进行仪器分析之前，有时需要用化学分析法对试样进行预处理（如富集、除去干扰物质等）。仪器分析方法的结果一般都需要以化学分析方法标定好的标准物质进行校准。正如著名分析化学家梁树权先生所说，"化学分析和仪器分析同是分析化学两大支柱，两者唇齿相依，相辅相成，彼此相得益彰"。

点滴积累 ▽

1. **仪器分析与化学分析的关系**　化学分析和仪器分析同是分析化学两大支柱，仪器分析法是在化学分析法的基础上逐步发展起来的一类分析方法，两者相辅相成。

2. **仪器分析法的特点**　操作简便，分析速度快；灵敏度高，选择性好；自动化程度高；用途广泛；样品用量少；相对误差比较大等。

第二节　仪器分析法的分类

仪器分析所包含的分析方法很多,目前已有数十种,其中以光谱分析法、色谱分析法及电化学分析法的应用最为广泛。按照测量过程中所观测的物质性质或参数进行分类,可以分为以下几类方法。

（一）电化学分析法

电化学分析法是利用待测组分在溶液中的电化学性质进行分析测定的一类仪器分析方法。根据所测量电信号不同分为:电位分析法、伏安分析法、电导分析法和电解分析法。本课程重点介绍电位分析法和伏安法中的永停滴定法。

（二）光学分析法

光学分析法是利用待测组分的光学性质进行分析测定的一类仪器分析方法,通常分为光谱法和非光谱法两类。光谱法是基于物质与辐射能作用时,测量由物质内部发生量子化能级跃迁而产生的发射、吸收或散射辐射的波长和强度进行分析的方法。按照电磁辐射和物质相互作用的结果,可以产生吸收、发射和散射三种类型的光谱。如紫外-可见吸收光谱法、红外吸收光谱法、原子吸收光谱法、荧光光谱法、电感耦合等离子体原子发射光谱法、火焰光度法和拉曼光谱法等。非光谱法利用物质与电磁辐射作用时,通过测量电磁辐射某些性质(反射、干涉、折射、偏振和衍射)的变化进行分析的方法。如旋光法、折射法、X射线衍射法等。本课程重点介绍光谱法中的紫外-可见吸收光谱法、红外吸收光谱法、原子吸收光谱法和非光谱法中的旋光法和折光法。

（三）色谱分析法

色谱分析法是利用物质各组分在互不相溶的两相(固定相和流动相)中的吸附、分配、离子交换、排斥渗透等性能方面的差异进行分离分析的一类仪器分析方法。色谱分析法分为气相色谱法、高效液相色谱法、薄层色谱法、离子色谱法、分子排阻色谱法、超临界流体色谱法和临界点色谱法等。本课程重点介绍气相色谱法、高效液相色谱法和薄层色谱法。

（四）其他仪器分析法

随着世界科学技术和经济的飞速发展,以及科研、生产的需要,涌现出大批新型的、具有特殊用途的仪器分析技术和方法。本课程主要对毛细管电泳法、质谱法、核磁共振波谱法、色谱联用技术、近红外光谱技术的基本原理以及在药品食品分析中的应用进行简单介绍。

▶▶ **课堂活动**

根据自己在学习和生活中所了解的知识,说一下你知道哪些现代仪器分析技术。

点滴积累 ∨

1. 仪器分析按照测量过程中所观测的物质性质或参数进行分类　分为电化学分析法、光学分析法、色谱分析法和其他仪器分析方法。
2. 色谱分析法　是利用物质各组分在互不相溶的两相（固定相和流动相）中的吸附、分配、离子交换、排斥渗透等性能方面的差异进行分离分析的方法。

第三节　仪器分析法的应用与发展趋势

仪器分析已成为当代分析化学的主流,在国民经济建设、科学技术和社会发展等方面都发挥着重要作用。尤其随着国家对食品药品质量安全的高度重视,仪器分析技术已经越来越多地用于药品食品质量分析,已成为药品食品检测及科学研究的重要手段。

一、仪器分析法在食品药品领域的应用

仪器分析法的应用主要表现在对原料、产品、工艺流程及产品研发中的质量检验和质量控制,药品食品生产过程的质量控制是保证产品质量的关键。

1. 在食品质量控制方面的应用　食品中农药和兽药残留量检测、重金属检测、食品添加剂检测以及微生物毒素等项目的检测均离不开仪器分析技术,其中高效液相色谱法、质谱法及色谱-质谱联用技术由于其分离效果好,检测灵敏度高等优点,在食品质量检测方面的应用越来越广泛。

2. 在药品质量控制方面的应用　仪器分析技术在药品质量检测、新药研发等方面发挥着极其重要的作用。据统计,高效液相色谱法作为《中国药典》(2015 年版)应用最广泛的方法,在一部中共出现 1635 次,二部中共出现 1381 次。《中国药典》(2015 年版)进一步提高了检测技术的专属性,扩大了先进成熟的现代仪器分析技术在药品质量检测方面的应用,加强了对药品质量控制的一些仪器检测技术的储备,如增加了超临界流体色谱法、高效液相色谱-电感耦合等离子体质谱法(HPLC-ICP-MS)、气相串联质谱法等,并将气相串联质谱法作为农药残留量测定法的第二检测法。现代仪器分析技术在药物研制和生产方面也发挥着重要作用。例如色谱法是药物分离和手性拆分选择的最佳方法;近红外光谱技术已被发达国家用于制药生产过程的各个环节,是目前制药领域应用最广泛的过程分析技术,可在线对产品质量参数和过程关键参数进行无损测量和质量监控。

二、仪器分析法的发展趋势

现代科学技术的发展、生产的需要和人民生活水平的提高,对分析技术和手段提出了新的要求,仪器分析随之也将出现以下发展趋势:

1. 仪器分析方法创新　方法的灵敏度、选择性和准确度将进一步提高。提高灵敏度是大部分分析方法长期以来所追求的目标。目前,被引入仪器分析的很多高新科技都与提高仪器灵敏度有关,例如激光技术的引入让检测单个分子或原子由不可能变成可能,大大增加了分析仪器的灵敏度。解决复杂体系的分离问题和提高分析方法的选择性已经成为分析化学家必须面临的巨大挑战,各种选择性检测技术和多组分同时分析技术等是当前仪器分析研究的重要课题,进行分离、分析的仪器将向多维分离和分析方向发展。

2. 分析仪器智能化和数字化　智能化和数字化是当代高科技领域的发展主题,仪器分析技术的智能化和数字化发展主要表现为分析仪器在计算机技术与微电子技术的参与下逐渐形成自动化体系。计算机控制器通过对数据的采集和分析,做出相应判断,并控制仪器的全部操作,实现分析操

作自动化和智能化。分析仪器目前已经开始向测试速度超高速化、分析试样超微量化、分析仪器超小型化的方向发展,并已经在诸多领域取得质的进步。

3. 多种仪器方法联合使用　仪器分析多种方法的联合使用可以使每种方法的优点得以发挥,每种方法的缺点得以互补。联用分析技术已成为当前仪器分析的重要发展方向,其中随着质谱仪在分辨率、灵敏度、测试速度等关键指标方面的提高,与质谱仪联用的仪器激增,例如气相色谱串联质谱(GC-MS/MS)、液相色谱串联质谱(LC-MS/MS)、高效液相色谱-电感耦合等离子体质谱(HPLC-ICP-MS)、电感耦合等离子体质谱(ICP-MS)等,联用技术必将迅速走向成熟。

4. 分析仪器小型化和个性化　分析仪器可根据用户的应用需求进行个性化设计,例如根据用户需求,新型红外光谱仪可以随意移动,可以放置在任何地方甚至在更恶劣的环境中使用,需要时立即进行测量而无须对仪器做任何校准;直观的软件让初学者在几秒钟内能准确地分析样品。例如个性化、小型化的超快速多功能微型气相色谱仪采用模块式设计,有即插即用式程序升温色谱柱分离模块,特别适用于突发有机污染事件。微集成电路技术的应用使仪器设备更趋于小型化和微型化,进一步提高其稳定性,将会使分析仪器从实验室分析走向现场检测。

总之,随着现代科学技术的迅猛发展和高新科技的不断引入,现代仪器分析方法已综合采用了多种学科的最新原理和技术成就,正在向快速、准确、自动、灵敏及适应特殊分析的方向迅速发展。了解这些可使我们从更深广的层面上理解现代仪器分析方法,以便将来更好地从事药品食品检验和质量研究等。

点滴积累 ∨

1. 仪器分析法在药品食品领域的应用　在药品食品质量检测、质量监控、生产过程及产品研发等方面发挥着重要作用。
2. 仪器分析技术发展趋势　仪器分析方法创新、分析仪器智能化和数字化、多种仪器方法使用、分析仪器小型化和个性化。

第四节　仪器分析课程的学习目标

仪器分析课程是药品质量与安全、药品生产技术、药学、食品营养与检测等专业重要的专业基础课,学好仪器分析对各专业学生后续专业课学习和岗位实践都十分重要。

仪器分析是一门实践性强的学科,以解决实际问题为目的,因此,实践教学部分是教学的重要内容。学习过程中,要重视实验实训课,在实验实训中严格执行操作规程,规范认真做好实验实训记录,注意培养严谨的科学态度和工作作风。

在本课程理论学习及实践训练过程中,通过课堂教学活动、实例分析、目标检测、实验实训等教学环节,使学生能够掌握常用分析仪器的工作原理和基本构造、使用方法和操作技能,并能够用于样品的分析测定、完成数据的分析处理;熟悉常用分析仪器的基本构造与维护保养方法,确保仪器经常处于完好状态,延长仪器使用寿命;了解各类分析方法在药品食品等检验中的具体应用。从而使学生具备从事现代仪器分析技术所必备的理论知识与实践技能,树立全面质量观念和安全意识,形成严谨的科学作风、创新思维和创新能力,为更好学习药品、食品专业后续课程打下坚实基础。

此外,通过本课程的学习,使学生初步了解目前各类先进的分析仪器、分析方法及发展趋势,以便学生在今后的职业生涯中,能够顺利胜任岗位工作、形成可持续发展能力、不断创新工作。

点滴积累 V

仪器分析课程的学习目标　完成知识目标(仪器的基本原理、使用维护技术等)、能力目标(能用仪器方法对样品进行测定和数据处理)和素质目标(树立质量观念、安全意识、创新意识等)。

复习导图

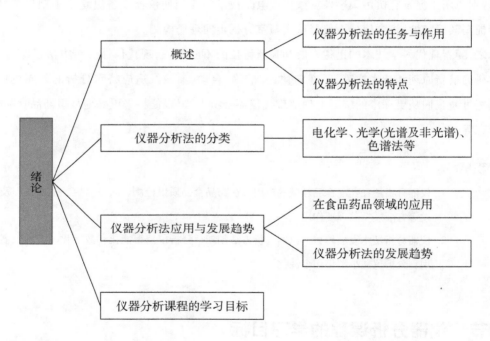

目标检测

一、判断题

(　　)1. 色谱法主要是用于分离的方法。

(　　)2. 仪器分析法按照所观测物质性质或参数可分为电化学法、色谱法、光谱法等。

(　　)3. 光谱法可以用于进行定性和定量分析。

(　　)4. 旋光法可以用来测定具有手性碳原子的化合物。

(　　)5. 仪器分析法测试的相对误差大于化学分析法测试的相对误差。

二、简答题

1. 简述仪器分析法与化学分析法的不同点。

2. 简述仪器分析法具有哪些特点,大致分为哪几类?

3. 查阅《中国药典》(2015 版)四部通则中收载了哪些仪器分析方法?

（任玉红）

ER-绪论习题

第一章

电位法和永停滴定法

导学情景 ∨

情景描述

　　糖尿病是由遗传和环境因素相互作用而引起的常见病，临床以高血糖为主要标志，是世界三大难症之一。 对于糖尿病患者来说，血糖水平的监测尤为重要，通常都需要一台血糖仪来协助实现。 1986 年，第一台电化学法血糖仪在美国获准上市。 由于采用了电化学法技术的血糖仪体积小，使用便捷，逐步成为这个领域的主流技术。 目前，市面上绝大多数家用血糖仪都是采用电化学法的原理设计的。

学前导语

　　电化学法在食品、医药卫生等领域应用广泛。 那么什么是电化学法，电化学法的基本原理和具体应用情况如何？ 本章将介绍电化学法中较为常用的电位法及永停滴定法的基本知识和基本操作。

第一节　电位法的基本原理

一、基本概念

　　根据物质在溶液中的电化学性质及其变化来测定物质组成及含量的方法统称为电化学分析法（electrochemical analysis）。这种方法通过测量溶液电导、电位、电流和电量等电化学参数的强度或变化，能够对待测组分进行分析。电化学分析法具有灵敏、准确、快速，所需试样量少，方法灵活多样，检测浓度范围宽等特点。

　　电位法（potentiometry）又称为电位分析法，是利用电极电位与溶液中离子活度（浓度）之间的关系来测定被测物质含量的一种电化学分析法。它分为直接电位法（direct potentiometry）和电位滴定法（potentiometric titration）。目前，电位分析法在食品、医药卫生、环境、化工等领域应用广泛，已成为重要的检测手段。

二、化学电池及电池电动势

（一）化学电池

通过金属导线将两个电极和电解质溶液连接形成闭合电路，电极和周围的电解质溶液发生氧化

（或还原）反应形成电子转移，电池外部通过导线传导电荷，电池内部发生离子迁移，从而形成电流，实现化学能与电能的相互转换。

化学电池（chemical cell）分为原电池（galvanic cell）和电解池（electrolytic cell）。能自发地进行电化学反应，将化学能转化为电能的装置叫作原电池；由外部电源提供能量来实现电池内部发生化学反应，将电能转变为化学能的装置叫作电解池。电位分析法使用的化学电池是原电池。

按照发生的电极反应命名，发生氧化反应的电极称为阳极，发生还原反应的电极称为阴极；若按照电极电位高低命名，电位高的电极称为正极，低的称为负极。原电池中常采用后一种方法命名。

例如：由 Zn/ZnSO₄ 电极和 Cu/CuSO₄ 电极组成的原电池反应为：

$$Zn + Cu^{2+} \longrightarrow Zn^{2+} + Cu$$

由于电子由锌极流向铜极，铜极电位高，因此锌极为负极，铜极为正极。化学电池组成常用电池符号来表示，该原电池的电池符号如下：

$$(-)Zn|ZnSO_4(a_1)\parallel CuSO_4(a_2)|Cu(+)$$

IUPAC 对原电池符号的书写有如下规定：

（1）将负极（发生氧化反应的电极）写在左侧，正极（发生还原反应的电极）写在右侧。

（2）用单竖线"｜"表示能产生电位差的两相界面，双竖线"‖"代表盐桥。

（3）用化学式表示电池中各物质的组成并注明其状态，气体要注明压力，溶液要给出浓度；固体和纯液体的活度认为是1。

（4）气体不能直接作为电极，必须以惰性金属导体作为载体。如氢电极中的金属铂。

（二）电池电动势

电池的电动势是指当流过电池的电流为零或接近于零时两极间的电位差。它包括金属和溶液之间的相间电位（即正极电位 φ_+ 和负极电位 φ_-）；两种不同溶液界面上的液体接界电位 φ_j。即

$$E = \varphi_+ - \varphi_- + \varphi_j$$

1. 液体接界电位（液接电位）　电位法中，常采用有液体接界的电池。电池中由两个组成或浓度不同的电解质溶液，接触的界面间由于离子的扩散速度不同而引起的电位差，称为液体接界电位 φ_j。

假设界面两侧 HCl 浓度 Ⅰ 相 > Ⅱ 相，则 Ⅰ 相中的 H^+ 和 Cl^- 将向 Ⅱ 相中扩散。由于 H^+ 的扩散速度比 Cl^- 快，使得扩散层靠近 Ⅱ 相一侧带正电，靠近 Ⅰ 相一侧带负电，因此在 Ⅰ、Ⅱ 两相的界面处产生了电位差。产生的电位差将使 H^+ 的扩散速率减慢，Cl^- 的扩散速率加快，最后两种离子扩散速度相等，达到动态平衡，建立起稳定的液接电位（图 1-1）。

2. 盐桥　液接电位几十毫伏，但在电位分析法中的影响不可忽略，因此实际工作中，须设法把它尽可能减小或消除。最常用的方法是在两电解质溶液间连一个"盐桥"。经典的盐桥是一个倒置 U 形玻璃管，充满用琼脂凝胶固定的 KCl 饱和溶液，高浓度的 KCl 与稀电解质溶液接触时，盐桥两端形成两个

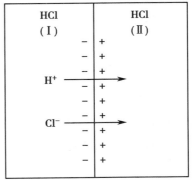

图 1-1　液接电位示意图

新液接电位,大小主要取决于 K^+ 和 Cl^- 的扩散速度,由于两种离子的扩散速度十分接近,且方向相反,因此使用盐桥后形成的液接电位很小,在电位测量时一般可忽略不计。

使用盐桥时必须注意盐桥内的电解质离子不能与电池内电解质溶液互相作用。

知识链接

能斯特与能斯特方程

能斯特(Walther H. Nernst)是德国著名的物理化学家,1864 年生于西普鲁士的布里森。 1887 年获维尔茨堡大学博士学位,并成为奥斯特瓦尔德的助手。 1889 年,他推导出电极电势与溶液浓度的关系式,即能斯特方程。 1897 年,他发明了一种使用白炽陶瓷棒的电灯(能斯特灯)。 1906 年,他根据对低温现象的研究,得出了热力学第三定律,人们称之为"能斯特热定理",这个定理有效地解决了计算平衡常数问题和许多工业生产难题。 1920 年的诺贝尔化学奖授予了能斯特,以表彰他在热化学方面作出的贡献。

对于任意一个给定电极:$Ox+ze^- \longrightarrow Red$,其电极电位值与组成电极的物质及其活度、温度的关系可用能斯特方程表示:

$$\varphi = \varphi^{\ominus} + \frac{RT}{zF}\ln\frac{a_{Ox}}{a_{Red}}$$

式中,$\varphi^{\ominus}$ 为标准电极电位;a 为物质的活度(mol/L);R 为摩尔气体常数,值为 8.134J/(mol·K);T 为绝对温度(K);z 为半反应中电子转移数;F 为法拉第常数,数值为 96 485C/mol。 将各常数代入上式,经换算得 25℃时能斯特方程,即:

$$\varphi = \varphi^{\ominus} + \frac{0.059}{z}\lg\frac{a_{Ox}}{a_{Red}}$$

三、指示电极与参比电极

电位分析法使用两种电极,即指示电极和参比电极。在恒定温度下,电极电位稳定,不随被测溶液离子活度变化,电位值恒定的电极叫作参比电极。电极电位随溶液中待测离子活度的变化而变化,能指示待测离子活度的电极叫作指示电极。

(一) 参比电极

最常用的参比电极有甘汞电极和银-氯化银电极。

1. 甘汞电极　甘汞电极由金属汞、甘汞(Hg_2Cl_2)和 KCl 溶液组成,结构如图 1-2 所示。

电极反应为:$Hg_2Cl_2(s)+2e^- \Longleftrightarrow 2Hg(l)+2Cl^-$

根据能斯特方程可知,其电极电位为:

$$\varphi = \varphi^{\ominus}_{Hg_2Cl_2/Hg} + \frac{RT}{F}\ln\frac{1}{a_{Cl^-}} \qquad 式(1\text{-}1)$$

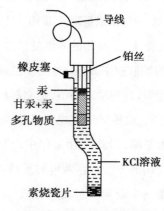

图 1-2　甘汞电极示意图

（导线、铂丝、橡皮塞、汞、甘汞+汞、多孔物质、KCl溶液、素烧瓷片）

式(1-1)表明,当温度一定时,甘汞电极的电极电位取决于 Cl^- 的活度。当 Cl^- 活度一定时,其电极电位也为一定值。不同浓度的 KCl 溶液可使甘汞电极的电位具有不同的恒定值。

25℃时,0.1mol/L、1mol/L 和饱和 KCl 溶液的甘汞电极的电极电位如表 1-1 所示。

表 1-1　三种不同浓度的 KCl 溶液甘汞电极电位(25℃)

KCl 浓度	0.1mol/L	1mol/L	饱和
电极电位(V)	0.337	0.283	0.241

当 KCl 溶液为饱和溶液时,即为饱和甘汞电极(SCE)。在电位分析中,饱和甘汞电极电极电位稳定,构造简单,保存和使用都很方便,是最常用的参比电极。

2. 银-氯化银电极　在银丝镀上一薄层 AgCl,浸于一定浓度的 KCl 溶液中构成的电极称为银-氯化银电极。如图 1-3 所示。

电极反应为:$AgCl+e^- \longrightarrow Ag+Cl^-$

电极电位为:

$$\varphi = \varphi^{\ominus}_{Ag^+/Ag} + \frac{RT}{F}\lg\frac{1}{a_{Cl^-}} \qquad 式(1-2)$$

25℃时,0.1mol/L、1mol/L 和饱和 KCl 溶液的银-氯化银电极电位如表 1-2 所示。

由于银-氯化银电极结构简单,体积小。因此常用作玻璃电极和其他离子选择电极的内参比电极及复合玻璃电极的内、外参比电极。

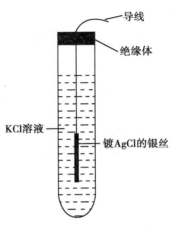

图 1-3　银-氯化银电极示意图

表 1-2　三种不同浓度 KCl 溶液的银-氯化银电极电位

KCl 浓度	0.1mol/L	1mol/L	饱和
电极电位(V)	0.289	0.236	0.199

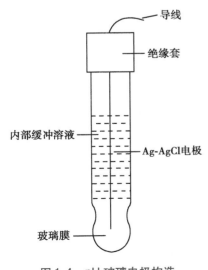

图 1-4　pH 玻璃电极构造

(二) 指示电极

指示电极的种类较多,这里主要介绍用于测定溶液 pH 的玻璃电极。玻璃电极的构造如图 1-4 所示。

玻璃电极的主要部分是玻璃管下端接的由特殊玻璃制成的软质玻璃球膜,膜厚 0.03～0.1mm,玻璃球膜中装有一定 pH 的缓冲溶液作为内参比溶液,在溶液中插入银-氯化银电极内参比电极。

玻璃电极的电位是由膜电位和内参比电极的电位决定,而内参比电极的电位是一定值,膜电位又决定于待测溶液的 pH,因此 25℃时玻璃电极的电位可表示为:

$$\varphi_{玻} = \varphi^{\ominus}_{AgCl/Ag} + (K - 0.059pH) = K_{玻} - 0.059pH \qquad 式(1-3)$$

式中,K 为常数,与玻璃电极性质有关。从上式可以看出,玻璃电极的电极电位 φ 在一定条件下与待测溶液的 pH 呈线性关系,只要测出 φ,便可求出 pH。

> **点滴积累** ╲┈┈┈
>
> 1. 电位法　利用电极电位与溶液中离子活度（浓度）之间的关系来测定被测物质含量的一种电化学分析法。
> 2. 电位分析法的类型　直接电位法和电位滴定法。
> 3. 化学电池分为两类　原电池和电解池。
> 4. 电位分析法使用的两种电极　参比电极和指示电极。

第二节　直接电位法

一、直接电位法测定溶液 pH

（一）测定原理

直接电位法测定溶液的 pH,常以玻璃电极作为指示电极,饱和甘汞电极作参比电极,浸入待测溶液中形成原电池,通过测定原电池的电动势,从而求得待测溶液 pH。

测定的原电池表示:

$$(-)\text{玻璃电极} \mid \text{待测 pH 溶液} \parallel \text{饱和甘汞电极}(+)$$

25℃时该电池的电动势为:

$$E = \varphi_{SCE} - \varphi_{玻}$$
$$= 0.241 - (K_{玻} - 0.059\text{pH})$$

由于"$K_{玻}$"是玻璃电极的性质常数。因此"$K_{玻}$"与"0.241"的差值可以视为一个新的常数用 K' 表示,即上式可表示为:

$$E = K' + 0.059\text{pH} \tag{式(1-4)}$$

该式表明电池的电动势和溶液的 pH 呈线性关系。在25℃时,溶液的 pH 改变一个单位,电池的电动势随之变化 59mV。即通过测定电池的电动势就可求出待测溶液的 pH。

（二）测定方法

标准 pH 缓冲溶液是测定 pH 时用于校正仪器的基准试剂。其值的准确性,直接影响测定结果的准确度。在选用标准缓冲溶液时,应尽可能与待测溶液的 pH 相接近（ΔpH<2）,这样可以减少测量误差。表 1-3 列出了不同温度下常用的标准缓冲溶液的 pH,供参考选用。

表 1-3 不同温度下常用的标准缓冲溶液 pH

温度（℃）	0.05mol/L 草酸三氢钾	0.05mol/L 邻苯二甲酸氢钾	0.025mol/L KH_2PO_4 和 Na_2HPO_4	0.01mol/L 硼砂
0	1.67	4.01	6.98	9.46
5	1.67	4.00	6.95	9.39
10	1.67	4.00	6.92	9.33
15	1.67	4.00	6.90	9.28
20	1.68	4.00	6.88	9.23
25	1.68	4.00	6.86	9.18
30	1.68	4.01	6.85	9.14
35	1.69	4.02	6.84	9.10
40	1.69	4.03	6.84	9.07
45	1.70	4.04	6.83	9.04

二、pH 计

用来测定溶液 pH 的仪器叫作酸度计或 pH 计，酸度计也可用来测量原电池的电动势。

酸度计因测量用途和精密度不同而分为不同的类型，其结构上略有差别，但测量原理相同，主要由电极系统和电动势测量系统组成。电极系统由玻璃电极和饱和甘汞电极与待测溶液组成原电池，目前新型酸度计上配套使用的电极绝大多数都是复合电极。电动势测量系统主要由电动势放大装置和显示转换装置构成，如图 1-5 所示。

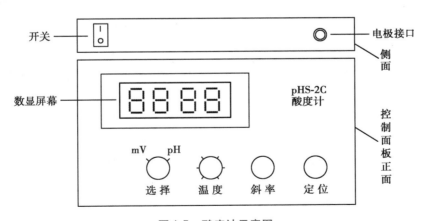

图 1-5 酸度计示意图

三、应用与实例分析

用酸度计测定溶液的 pH，在药品检验、生化检验及卫生检验等方面都有着广泛应用。如药品检验中注射剂、眼药水的酸碱度检查等。无论被测溶液有无颜色、是氧化剂还是还原剂或为胶体溶液，均可用酸度计测定 pH。

实 例 分 析

以碳酸氢钠注射液作为待测溶液,测定其 pH。

碳酸氢钠注射液为碱性溶液,pH 为 7.5～8.5,因此对仪器进行校正时,先用偏中性的标准缓冲溶液(pH＝7.41 磷酸盐)进行一次校正,再用碱性较为接近的标准缓冲溶液(pH＝9.18 硼砂)进行二次校正。具体分析步骤如下。

1. pH 标准缓冲溶液的配制

(1) pH 7.41 磷酸盐:取标准磷酸二氢钾 1.36g,加 0.1mol/L 氢氧化钠溶液 79ml,用水稀释至 200ml,即得。

(2) pH 9.18 硼砂:精密称取标准硼砂($Na_2B_4O_7 \cdot 10H_2O$)3.80g,加水使溶解并稀释至 1000ml,即得。

2. 仪器校正

(1) 连接复合电极,并夹在电极夹上,调节到适当位置。

(2) 用纯化水清洗电极,用滤纸吸干。

(3) 接通电源,预热 30 分钟。

(4) 将选择开关旋钮调到 pH 档。

(5) 用温度计测定标准溶液温度,调节温度补偿旋钮指向测得的温度值。

(6) 把斜率旋钮调到 100% 位置。

(7) 将电极浸入磷酸盐标准缓冲液(pH＝7.41)中,调节定位旋钮,使仪器显示读数与缓冲液 pH 一致。

(8) 再用纯化水清洗电极,用滤纸吸干。

(9) 将电极浸入硼砂标准缓冲液(pH＝9.18)中复核,如果仪器显示读数与缓冲液 pH 不一致,则调节斜率旋钮使一致。

3. pH 测定　用纯化水清洗电极头部,用滤纸吸干。把电极浸入待测溶液中,轻轻摇动烧杯使溶液均匀,待稳定后记录显示屏上 pH。

┌─ 边学边练 ─────────────────────────

学习使用 pH 计测定溶液的 pH,操作过程请参见实验实训项目 1-1 葡萄糖注射液 pH 的测定。

点滴积累　∨

1. 电位法测定溶液的 pH,是以玻璃电极作为指示电极,饱和甘汞电极作参比电极。

2. pH 标准缓冲液　测定 pH 时用于校正仪器的基准试剂。

3. 酸度计(pH 计)　用来测定溶液 pH 的仪器。

第三节 电位滴定法

一、仪器装置和方法原理

（一）仪器装置

电位滴定法是基于滴定过程中电位突跃来确定滴定终点的方法。进行电位滴定时，在被测溶液中加入1支指示电极和1支参比电极组成原电池。随着滴定剂（标准溶液）的加入，由于发生了化学反应，被测离子的浓度也不断发生变化，指示电极电位也相应改变。

电位滴定的仪器装置如图1-6所示，由滴定管、指示电极、参比电极、磁力搅拌器和电位测定仪组成。进行滴定时，在被测溶液中插入合适的指示电极和参比电极组成原电池，将他们连接在电子电位计上，用以测定并记录电池的电动势，通过测量电池电动势的变化，确定滴定终点。

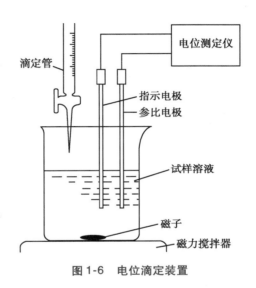

图 1-6　电位滴定装置

（二）方法原理和特点

进行电位滴定时，在待测溶液中插入指示电极和参比电极，随着滴定剂的加入，待测离子或与之有关的离子浓度不断变化，指示电极的电位也发生相应的变化，而在化学计量点附近离子浓度发生突跃从而引起电位突跃，因此，测量电池电动势的变化，就能确定滴定终点。

与滴定分析法相比，电位滴定法有以下特点：①准确度高，用该法确定终点更为客观，不存在观测误差，结果更为准确；②可用于有色溶液、浑浊液及无优良指示剂情况下的滴定；③可用于连续滴定、自动滴定、微量滴定。

二、确定滴定终点的方法

电位滴定时，在不断搅拌下加入滴定剂，被测离子与滴定剂发生化学反应，使被测离子浓度不断变化，因而指示电极的电位也发生相应的变化。每加入一次滴定剂，测量一次电动势，直到达到化学计量点。在滴定中，开始时每次滴加滴定剂的量可适当多些，在计量点附近，每滴加 $0.1 \sim 0.2 \text{ml}$ 滴定剂测量一次电动势。当达到化学计量点时，被测离子浓度发生突变，引起电位的突跃，根据滴定液的消耗量和电动势的关系，通过绘制滴定曲线来确定滴定终点。

1. $E\text{-}V$ 曲线法　以加入滴定剂的体积（V）作横坐标，以测得的电动势 E 值作纵坐标，绘制一条 $E\text{-}V$ 滴定曲线。曲线拐点所对应的体积即为滴定终点的体积，如图1-7所示。

2. $\Delta E/\Delta V\text{-}\bar{V}$ 曲线法（一级微商法）　如果 $E\text{-}V$ 曲线电位突跃不陡又不对称，滴定终点则难以确

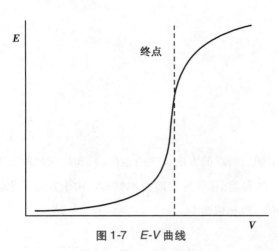

图 1-7　E-V 曲线

定,可以用 $\Delta E/\Delta V$-$\overline{V}$ 曲线法。$\overline{V}$ 代表平均体积,$\Delta E/\Delta V$ 代表 E 的变化值与相应的加入滴定剂体积的增量 ΔV 之比,曲线表示随滴定剂体积变化的电动势变化值。以相邻两次加入标准溶液体积的平均值 $\overline{V}$ 为横坐标,以 $\Delta E/\Delta V$ 值为纵坐标,绘制 $\Delta E/\Delta V$-$\overline{V}$ 滴定曲线。曲线的最高点所对应的体积 V 值,即为滴定终点,如图 1-8 所示。

3. 二级微商法　$\Delta E/\Delta V$-$\overline{V}$ 曲线的最高点是由实验点连线外推得到,因此也会引起一定误差,如用二级微商法来确定终点则更为准确。这种方法基于 $\Delta E/\Delta V$-$\overline{V}$ 曲线的最高点正是二级微商 $\Delta^2 E/\Delta V^2$ 等于 0 处,所对应的 V 值即为滴定终点时滴定剂的消耗量。可通过绘制二级微商曲线(图 1-9)或通过计算求得滴定终点。

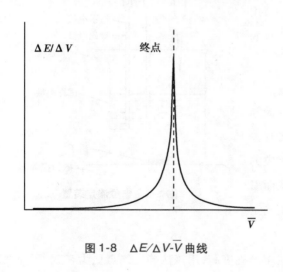

图 1-8　$\Delta E/\Delta V$-$\overline{V}$ 曲线

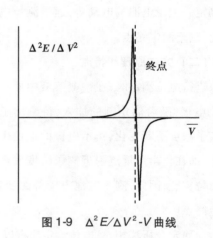

图 1-9　$\Delta^2 E/\Delta V^2$-$\overline{V}$ 曲线

三、应用与实例分析

电位滴定法在滴定分析中应用较为广泛,可应用于酸碱滴定法、氧化还原滴定法、沉淀滴定法、配位滴定法等各类滴定分析中。自动电位滴定仪的应用,使测定更为简便快速,适用范围也更为广泛。

实 例 分 析

电位滴定法测定酮康唑的含量。

酮康唑为抗真菌药,对皮肤癣菌具有抑制作用。《中国药典》(2015 年版)采用非水溶液滴定法测其含量,以电位法指示终点。

1. 高氯酸滴定液(0.1mol/L)的配制　取无水冰醋酸(每 1g 水加醋酐 5.22ml)750ml,加入高氯酸(70% ~72%)8.5ml,摇匀,在室温下缓缓滴加醋酐 23ml,边加边摇,加完后再振摇均匀,放冷,加无水冰醋酸适量使成 1000ml,摇匀,静置。

2. 标定　取在 105℃ 干燥至恒重的基准邻苯二甲酸氢钾约 0.16g,精密称定,加无水冰醋酸 20ml 使溶解,加结晶紫指示液(取结晶紫 0.5g,加冰醋酸 100ml 使溶解)1 滴,用本液缓缓滴定至蓝色,并将滴定的结果用空白试验校正。每 1ml 高氯酸滴定液(0.1mol/L)相当于 20.42mg 的邻苯二甲酸氢钾。根据本液的消耗量与邻苯二甲酸氢钾的取用量,算出本液的浓度,即得。

3. 样品测定　取本品约 0.2g,精密称定,加冰醋酸 40ml 溶解后,照电位滴定法,用高氯酸滴定液(0.1mol/L)滴定,并将滴定的结果用空白试验校正。每 1ml 高氯酸滴定液(0.1mol/L)相当于 26.57mg 的 $C_{26}H_{28}Cl_2N_4O_4$(酮康唑)。

点滴积累 ∨

1. 电位滴定法　基于滴定过程中电位突跃来确定滴定终点的方法。
2. 电位滴定法确定滴定终点的方法有 E-V 曲线法、$\Delta E/\Delta V$-$\bar{V}$ 曲线法(一级微商法)和 $\Delta^2 E/\Delta V^2$-V 曲线法(二级微商法)。

第四节　永停滴定法

一、仪器装置和方法原理

永停滴定法又称双电流滴定法。将两个相同的铂电极插入待滴定的溶液中,在两极间外加一个小电压(10~200mV),通过观察或记录滴定过程中通过两个电极的电流变化,来确定滴定终点。

1. 仪器装置　永停滴定法仪器装置如图 1-10 所示。滴定过程中用电磁搅拌器搅拌溶液。滴定时,按图示安装好仪器,调节外加电压为 10~30mV,当滴定至检流计指针突然偏转,并不再回复,即为终点。必要时可每加一次标准溶液,测量一次电流。以电流为纵坐标,以滴定剂体积为横坐标作图,找出终点。

2. 方法原理　如溶液中存在 Fe^{3+}/Fe^{2+} 电对,当插入两支相同的铂电极,由于两支电极的电极电位相同,则两电极之间没有电位差,即电动势 E 为 0。这时若在两个铂电极间外加一小直流电压,接正极的铂电极发生氧化反应,接负极的铂电极发生还原反应,此时溶液中有电流通过。电极反应如下:

正极:$Fe^{2+}-e^- \longrightarrow Fe^{3+}$ 　　　　　　式(1-5)

负极:$Fe^{3+}+e^- \longrightarrow Fe^{2+}$ 　　　　　　式(1-6)

这种外加很小电压就能引起电解反应的电对称为可逆电对。换言之,能够同时发生正、逆反应的电对称为可逆电对。例如,I_2/I^-、Ce^{4+}/Ce^{3+} 等。反之,有些电对,外加小电压下也不能发生电解反应,称为不可逆电对。换言之,只能向某一个方向发生反应的电

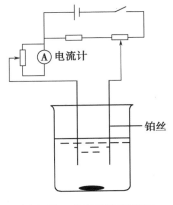

图 1-10　永停滴定装置图

(A) 电流计

铂丝

对称为不可逆电对。例如：$S_4O_6^{2-}/S_2O_3^{2-}$电对。

$$2S_2O_3^{2-} - 2e^- \longrightarrow S_4O_6^{2-}$$

反应只能从左向右进行，而不能从右向左，即阳极上接受了$S_2O_3^{2-}$放出的电子，传到阴极上无法送出，使电流中断，因此没有电流通过，不能发生电解反应。

二、确定滴定终点的方法

在滴定过程中，溶液形成可逆电对，从而使两电极间电流产生突变，这就是永停滴定法确定终点的依据。由于氧化剂和还原剂在电极上的反应有些可逆、有些不可逆，因此在滴定过程中，电流变化可分为三种不同情况。

1. 滴定剂为可逆电对，被测物为不可逆电对　例如用I_2滴定$Na_2S_2O_3$。

将两个铂电极插入$Na_2S_2O_3$溶液中，外加$10 \sim 15mV$的电压，用灵敏电流计测量通过两极间的电流。当用I_2滴定时，在滴定终点前，溶液中只有$S_4O_6^{2-}/S_2O_3^{2-}$不可逆电对，不能发生电解反应，因此检流计无电流通过。一旦达到终点，则溶液中出现I_2/I^-可逆电对，发生电解反应，两极间有电流通过，检流计突然发生偏转，指示终点到达，其滴定曲线如图1-11所示。

2. 滴定剂为不可逆电对，被测物为可逆电对　用$Na_2S_2O_3$滴定I_2即属于这种类型。

在滴定达到终点前，溶液存在I_2/I^-可逆电对，有电解电流通过，随着滴定进行，I_2浓度逐渐减小，电流也逐渐减小，滴定至终点时降至最低点。终点后，溶液I_2浓度极低，只有I^-及不可逆的$S_4O_6^{2-}/S_2O_3^{2-}$电对，故电解反应停止，电流计指针停留在最低点并保持不动。其滴定曲线如图1-12所示。

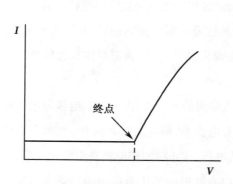

图1-11　I_2滴定$Na_2S_2O_3$的滴定曲线

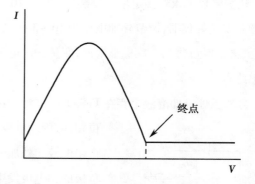

图1-12　$Na_2S_2O_3$滴定I_2的滴定曲线

3. 滴定剂与被滴定物均为可逆电对　例如用Ce^{4+}滴定Fe^{2+}。

滴定前，溶液中只有Fe^{2+}离子，故阴极上不可能有还原反应，所以无电解反应，也没有电流通过。当Ce^{4+}离子不断滴入时，Fe^{3+}离子不断增多，因为Fe^{3+}/Fe^{2+}属可逆电对，故电流也不断增大；当Fe^{3+}与Fe^{2+}浓度相等时，电流达到最大值；连续加入Ce^{4+}离子，Fe^{2+}离子浓度逐渐下降，电流也逐渐下降，到达滴定终点时降至最

▶▶ 课堂活动

　　请思考电位滴定法和永停滴定法有哪些异同点。

低点,终点过后,Ce⁴⁺离子过量,由于溶液中有了 Ce^{4+}/Ce^{3+} 可逆电对,随着 Ce^{4+} 浓度不断增加,电流又开始上升。其滴定曲线如图 1-13 所示。

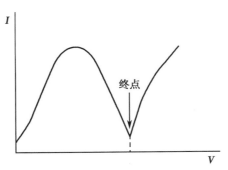

图 1-13　Ce^{4+} 滴定 Fe^{2+} 的滴定曲线

三、应用与实例分析

永停滴定法装置简单、准确度高,已广泛应用于药物分析。

实 例 分 析

盐酸普鲁卡因胺注射液的含量测定。

盐酸普鲁卡因结构中含有芳伯胺基,在酸性条件下可与亚硝酸钠发生重氮化反应:

$$Ar\text{-}NH_2 + NaNO_2 + HCl \longrightarrow Ar\text{-}\overset{+}{N} \equiv N + NaCl + 2H_2O$$
$$Cl^-$$

永停滴定法测定盐酸普鲁卡因注射液含量

故可用亚硝酸钠作为滴定剂滴定,用永停法指示终点。具体操作步骤如下:

1. 亚硝酸钠滴定液(0.1mol/L)配制与标定　取亚硝酸钠 7.2g,加无水碳酸钠 0.1g,加水适量使溶解成 1000ml,摇匀。

取在 120℃ 干燥至恒重的基准对氨基苯磺酸约 0.5g,精密称定,加水 30ml 与浓氨试液 3ml,溶解后加盐酸(1→2)20ml,搅拌,在 30℃ 以下,用本液迅速滴定,滴定时将滴定管尖端插入液面下约 2/3 处,随滴随搅拌;近终点时将滴定管尖端提出液面,用少量水洗涤尖端,洗液并入溶液中,继续缓慢滴定,用永停滴定法指示终点。根据亚硝酸钠滴定液的消耗量与对氨基苯磺酸的取用量,计算出滴定液的浓度,即得。

2. 样品测定　精密量取样品适量(含盐酸普鲁卡因约 0.1g),加水 40ml 和 HCl(1→2)15ml,加入 KBr 2g,搅拌溶液,照标定时永停法步骤,用亚硝酸钠滴定液(0.1mol/L)滴定至终点,记录消耗亚硝酸钠滴定液的体积。每 1ml 亚硝酸钠滴定液(0.1mol/L)相当于 27.28mg 的 $C_{13}H_{20}N_2O_2 \cdot HCl$,计算出盐酸普鲁卡因含量。

┌─ **边学边练** ──────────────────────────────────
会用永停滴定仪法进行含量测定,操作过程请参见实验实训项目 1-2 永停滴定法测定磺胺嘧啶的含量。
└──

点滴积累 ∨ ....

1. **永停滴定法**　将两个相同的指示电极插入待滴定的溶液中，在两极间外加一个小电压，通过观察或记录滴定过程中通过两个电极的电流变化，来确定滴定终点的方法。

2. **可逆电对**：外加很小电压就能引起电解反应的电对；**不可逆电对**：外加很小电压不能引起电解反应的电对。

复习导图

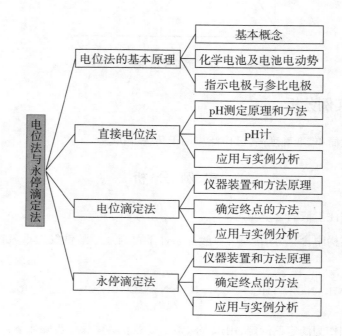

目标检测

一、填空题

1. 电位分析法分为＿＿＿＿＿＿＿＿和＿＿＿＿＿＿＿＿两种类型。

2. 电位法测定溶液的 pH，是以＿＿＿＿＿＿＿＿作为指示电极，＿＿＿＿＿＿＿＿作参比电极。

3. 电位滴定法确定滴定终点的方法有＿＿＿＿＿＿＿＿、＿＿＿＿＿＿＿＿和＿＿＿＿＿＿＿＿。

4. 电位滴定中，E-V 图上的＿＿＿＿＿＿＿，就是一次微商曲线上的＿＿＿＿＿＿＿点，也就是二次微商曲线上＿＿＿＿＿＿＿的点。

5. 电位滴定法测定酸样使用的电极对是＿＿＿＿＿＿＿＿＿＿＿＿，永停滴定法使用的电极对是＿＿＿＿＿＿＿＿。

二、判断题

（　　）1. 玻璃电极的内参比电极常用饱和甘汞电极。

（　　）2. 玻璃电极使用前在水中浸泡的主要目的是校正电极。

（　　）3. 永停滴定法中，用 I_2 滴定 $Na_2S_2O_3$ 溶液的滴定曲线以电流作为纵坐标。

三、简答题

1. 什么是指示电极和参比电极？简述直接电位法的基本原理。

2. 简述电位滴定法和永停滴定法基本原理，比较两种方法的区别。

3. 用图示分别说明电位滴定法和永停滴定法如何确定终点。

四、计算题

使用 0.1250mol/L NaOH 溶液电位滴定某一元弱酸 50.00ml，得到下列数据，计算该弱酸溶液的浓度。

体积(ml)	36.00	39.20	39.92	40.00	40.08	40.80	41.60
pH	4.76	5.50	6.51	8.25	10.00	11.00	11.24

ER-01章习题

拓展资源

pH 计的维护及使用注意事项

1. 玻璃电极平时应浸泡在纯化水中以备随时使用。 在初次使用前，必须在纯化水中浸泡一昼夜以上。

2. 玻璃电极不要与强吸水溶剂接触太久，在强碱溶液中使用应尽快操作，用毕立即用纯化水洗净。

3. 玻璃电极球泡膜很薄，不能与玻璃杯及硬物相碰，玻璃膜沾上油污时，应先用酒精，再用四氯化碳或乙醚，最后用酒精浸泡，再用纯化水洗净。

4. 电极清洗后只能用滤纸轻轻吸干，切勿用织物擦抹，这会使电极产生静电荷而导致读数错误。

5. 甘汞电极在使用时，注意电极内要充满氯化钾溶液，应无气泡，防止断路。 应有少许氯化钾结晶存在，以使溶液保持饱和状态，使用时拔去电极上顶端的橡皮塞从毛细管中流出少量的氯化钾溶液，使测定结果可靠。

6. pH 测定的准确性取决于标准缓冲溶液的准确性。 酸度计用的标准缓冲溶液，要求有较大的稳定性，较小的温度依赖性。

（王 磊）

第二章

一般光学测定法

导学情景 ∨ ....

情景描述

　　我们把筷子斜插到盛满水的碗的底部，从侧面斜视水面，会发现水中的筷子看上去好像向上弯折了。再比如，在空的茶杯里放一枚硬币，移动杯子，使眼睛刚刚看不到硬币，保持眼睛和杯子的位置不变，慢慢地向杯里倒水，随着水面的升高，我们看到了硬币，还会发现硬币升高了。

学前导语

　　水中"弯折"的筷子和"升高"的硬币，是由于光在水和空气的界面发生了一种光现象。我们把物质对光的折射与反射、吸收与散射及光的偏振等性质称为物质的光学性质。本章将介绍一些光学性质在药物的鉴别、纯度检查或测定含量中的应用。

第一节　概述

　　光学分析法是基于电磁辐射与物质相互作用后产生的辐射信号或发生的变化来测定物质的性质、含量和结构等信息的分析方法。光学分析法种类繁多，应用范围很广。

一、电磁辐射与电磁波谱

（一）电磁辐射

　　电磁辐射又称电磁波，是一种以巨大速度通过空间，不需要任何物质作传播媒介的能量。光就是人们最熟悉的一种。电磁辐射具有波动性和微粒性。

　　1. 波动性　光在空间中的传播以及反射、折射、偏振、干涉和衍射等现象表现出光具有波的性质。其波动性通常用波长 λ、频率 ν 及波数 σ 等主要参数来描述，它们的关系如下：

$$\nu = \frac{c}{\lambda} \tag{式（2-1）}$$

$$\sigma = \frac{1}{\lambda} = \frac{\nu}{c} \tag{式（2-2）}$$

　　式（2-2）中，波数 σ 是波长的倒数，单位为 cm^{-1}；c 是光在真空中的传播速度，$c=2.998\times10^{8}\,m/s$。

　　2. 微粒性　光子理论认为，光在空间传播时，是一束以光速 c 运动的粒子流，即光还具有微粒

性。这些粒子称为光子。光子所具有的能量(E)取决于其电磁辐射的频率(ν),用普朗克关系式表示为:

$$E = h\nu = h\frac{c}{\lambda}$$
式(2-3)

式(2-3)中,h 为普朗克常数,其值为 6.626×10^{-34}J·s。

由式(2-3)可见,不同波长的光子具有不同的能量,波长越长,能量越小,波长越短,能量越大。

知识链接

爱因斯坦光量子理论

1905 年,爱因斯坦吸收了普朗克提出的能量子概念这一新思想,进一步提出了关于光的本性的光子假说。普朗克只指出光在发射和吸收具有粒子性。爱因斯坦则提出:光在空间传播时,也具有粒子性,即光束可以看成是由微粒构成的粒子流,这些粒子叫作光量子,以后被称为光子。

(二) 电磁波谱

电磁波包括的范围很广,根据波长不同分为 γ 射线、X 射线、紫外-可见光、红外光、微波等。将电磁波按波长或频率的顺序排列成谱,称为电磁波谱。表2-1 中列出了各电磁波谱区的名称、波长范围、相应的能级跃迁类型及对应的光谱类型。

表2-1　电磁波谱范围表

电磁波名称	波长范围	跃迁类型	光谱类型
γ 射线	$10^{-4} \sim 10^{-3}$nm	核能级跃迁	γ 射线光谱、莫斯鲍尔光谱
X 射线	$10^{-3} \sim 10$nm	内层电子能级跃迁	X 射线光谱
紫外光	$10 \sim 400$nm	外层电子能级跃迁	紫外光谱、发射和荧光光谱
可见光	$400 \sim 760$nm	外层电子能级跃迁	可见吸收光谱
红外光	$0.76 \sim 1000 \mu m$	分子振动转动能级跃迁	红外光谱
微波	$0.1 \sim 100$cm	电子自旋	微波谱、电子自旋共振波谱
无线电波	$1 \sim 1000$m	核自旋	核磁共振波谱

二、电磁辐射与物质的相互作用

电磁辐射(光)与物质发生相互作用是普遍发生的复杂的物理现象。作用的性质随光的波长(能量)及物质的性质而异。相互作用有吸收、发射、折射、衍射、干涉和旋光等方式,其中在光学分析中应用最广泛的是物质对光的吸收和发射。

1. 吸收　是指物质收到电磁波的照射,吸收一定的能量(等于基态和激发态能量之差),从基态跃迁至激发态的过程。

2. 发射　是指物质吸收能量后,从基态跃迁至激发态,再从激发态返回基态,并以光辐射的形式释放出能量的过程。

三、光学分析法的分类

根据电磁辐射与物质相互作用的性质及所产生的物理现象不同,光学分析法可以分为光谱法和非光谱法。

非光谱法是指不以光波长为特征讯号,仅利用物质与电磁辐射的相互作用,测量电磁辐射的反射、折射、干涉、衍射和偏振等性质变化的分析方法。主要分析方法包括折射法、光散射法、干涉法、衍射法、旋光法等。

光谱法基于电磁辐射能量与物质相互作用,测量由物质内部发生量子化的能级之间的跃迁而产生吸收、发射或散射的波长和强度,据此进行定性、定量和结构分析的方法。光谱法按产生光谱方式的不同,分为吸收光谱法和发射光谱法;按产生光谱粒子的不同分为原子光谱法和分子光谱法。

吸收光谱法是利用物质的特征吸收光谱进行分析的方法。根据吸收光谱所在光谱区不同,吸收光谱法可分为 X 射线吸收光谱法、原子吸收光谱法、紫外-可见分光光度法、红外分光光度法和核磁共振波谱法等。

发射光谱法是通过测量物质的特征发射光谱进行分析的方法。根据发射光谱所在光谱区和激发方式不同,发射光谱法可分为 γ 射线光谱法、X 射线荧光光谱法、原子发射光谱法、原子荧光光谱法、分子荧光光谱法和分子磷光光谱法等。

由气态原子或离子的外层电子在不同能级间跃迁而产生的光谱,称为原子光谱。由分子外层电子跃迁或分子内部振动转动能级跃迁而产生的光谱称为分子光谱。

本章主要介绍电磁辐射及利用电磁辐射的折射和偏振等现象建立起来的非光谱分析法。

点滴积累 ∨

1. 光学分析是基于电磁辐射与物质相互作用后产生的辐射信号或发生的变化来测定物质的性质、含量和结构的分析方法。
2. 光是一种电磁波,它既具有波动性,又具有微粒性。
3. 光学分析法分为非光谱法和光谱法两类。

第二节 旋光度测定法

手性有机化合物(无对称因素),具有旋光性。利用测定药物的旋光度进行定性、杂质检查和定量的分析方法,称为旋光度测定法。

一、基本原理

平面偏振光通过含有某些光学活性的化合物液体或溶液时,能引起旋光现象,使偏振光的平面向左或向右旋转。旋转的角度称为旋光度（用 α 表示）。《中国药典》规定，用钠光谱的 D 线（589.3nm）测定旋光度，除另有规定外，旋光管长度为 1dm（如使用其他管长，应进行换算），测定温度为 20℃。当偏振光通过长 1dm，每 1ml 中含有旋光性物质 1g 的溶液，在一定波长与温度下测得的旋光度称为比旋度（用 $[\alpha]_D^{20}$ 表示）。测定比旋度（或旋光度）可以区别或检查某些药品的纯杂程度，亦可用于测定光学活性药品的含量。

二、仪器结构

旋光计由钠光灯光源、聚光镜、滤色镜、起偏镜、旋光管、检偏镜、旋光度显示系统组成。起偏镜是一组可以产生平面偏振光的晶体，称为尼科尔棱镜，现多采用在塑料膜上涂具有光学活性的物质，使其产生偏振光。图 2-1 是 WZZ-2B 型自动旋光仪。

图 2-1　WZZ-2B 型自动旋光仪

三、操作方法及注意事项

（一）旋光仪的操作方法

1. 零点的校正　将旋光管用供试品所用溶剂冲洗数次，缓缓注入适量溶剂，排尽气泡，小心盖上玻璃片、橡胶圈和螺旋盖，擦干，置于样品室中，校正零点或测定零点，反复操作 3 次，取其平均值为空白值。

2. 供试液的测定　按该品种项下规定，配制供试品溶液，调节溶液至规定的温度±0.5℃，将旋光管用供试液冲洗数次，缓缓注入供试液适量，注意勿使产生气泡，同校正零点时的操作，置于样品室中检测，读数，即得供试液的旋光度。反复操作 3 次，取其平均值，按式（2-4）计算供试品的比旋度。

$$[\alpha]_D^{20}=\frac{100\times\alpha}{l\times c}\qquad\text{式（2-4）}$$

式中，D 为钠光谱的 D 线；t 为测定时的温度；l 为旋光管长度 dm；α 为测得的旋光度；c 为 100ml 溶液中含有被测物质的质量（g，按干燥品或无水物计算）。

（二）旋光度的影响因素

1. 物质的化学结构　物质的化学结构不同，旋光性也不同。相同条件下有的旋转角度大，有的旋转角度小，有的呈左旋（以"−"表示），有的呈右旋（以"+"表示），有些物质无旋光性。

2. 溶液的浓度　溶液的浓度越大，其旋光度也越大。在一定的浓度范围内，溶液的浓度和旋光度呈线性关系。

3. 溶剂　溶剂对旋光度的影响比较复杂，有些溶剂对药物无影响，有的溶剂影响旋光的方向及旋光度的大小。

4. 光线　通过液层的光线通过的液层厚度越厚，旋光度越大。

5. 光的波长 波长越短,旋光性越大。

6. 温度 一般情况下,温度的影响不是很大,对于大多数的物质,温度每升高1℃,比旋度约减少千分之一。

（三）注意事项

1. 配制溶液及测定时,均应调节温度至(20±0.5)℃(或各药品项下规定的温度)。如需过滤,应预先过滤,并弃去初滤液。

2. 每次测定前应以溶剂作空白校正,测定零点3次取平均值。测定供试品与空白校正,应按相同的位置和方向放置旋光管于仪器样品室内,并注意旋光管内不应有气泡,否则影响测定的准确度。

3. 旋光管使用后,尤其在盛有机溶剂后,必须立即洗净,以免橡胶圈受损发黏。旋光管每次洗涤后,切不可置烘箱中干燥,以免发生变形。

4. 旋光管两端的通光面,需特别小心用擦镜纸擦拭,以防磨损影响测定结果。旋光管螺帽不宜旋得过紧,以免产生应力,影响读数。

5. 仪器应放置于干燥通风处,防止潮气侵蚀,整流器应注意散热。搬动仪器应小心轻放,避免震动。

6. 旋光仪的检定,可用标准石英旋光管进行,读数误差应符合规定。

▶▶ **课堂活动**

影响旋光度测定的影响因素有哪些? 如旋光管中有大气泡,对测定结果有什么影响?

四、应用与实例分析

比旋度可以用于鉴别或检查具有光学活性药品的纯杂程度,也可以测定光学活性药品的含量。

1. 鉴别 具有旋光性的药物一般在《中国药典》"性状"项下,具有旋光性的药物都收载"比旋度"检验项目。测定比旋度值可以用来鉴别药物或判断药物的纯杂程度。如肾上腺素、葡萄糖等都要求测定比旋度。

2. 检查 具有光学异构体的药物,光学异构体一般具有相同的理化性质,但其旋光性不同,可以通过测定旋光度对药物的纯度进行检查。某些药物本身无旋光性,而所含杂质具有旋光性,所以可通过控制供试液的旋光性大小来控制杂质的限量。例如:硫酸阿托品中莨菪碱的检查,硫酸阿托品为消旋体,无旋光性,而所含杂质莨菪碱具有左旋性,《中国药典》(2015年版)规定,50mg/ml硫酸阿托品溶液的旋光度不得超过−0.4°。

3. 含量测定 具有旋光性的药物,特别是在没有其他更好的方法测定含量时,可以采用旋光度法测定。例如,葡萄糖注射液的含量测定。

实 例 分 析

实例一 《中国药典》(2015年版)采用测定比旋度鉴别氯霉素。

取本品,精密称定,加无水乙醇溶解并定量稀释成每1ml中约含50mg的溶液,依法测定(通则0621),比旋度为+18.5°~+21.5°。具体操作过程:

1. **仪器零点校正** 根据仪器操作规程,用供试品所用溶剂校正零点或测定零点,反复操作 3 次,取其平均值为空白值。

2. **供试液的制备** 精密称取经干燥的氯霉素 5.4592g,置 100ml 容量瓶中,加无水乙醇溶解并稀释至刻度,摇匀即得。

3. **供试液的测定** 将旋光管用供试液冲洗数次,缓缓注入供试液适量,置于旋光计内读数,即得。反复操作 3 次,取其平均值。

4. **结果判定** 按式(2-4)计算供试品的比旋度,并进行结果判定。

已知实验数据,用 2dm 旋光管于 20℃测得旋光度为+2.3°。

$$[\alpha]_D^{20} = \frac{100\alpha}{lc} = \frac{100 \times 2.3}{5.4592 \times 2} = 21.1°$$

结果判断:本品的比旋度为 21.1°,符合规定(规定:+18.5° ~ +21.5°)。

边学边练

学会旋光度的测定方法,操作过程请参见实验实训项目 2-1 葡萄糖的比旋度测定。

点滴积累 $\bigvee$

1. 比旋度测定在药物分析中的应用 鉴别或检查物质的光学活性和纯杂程度,也可用于测定光学活性药品的含量。

2. 比旋度测定方法仪器准备、零点校正、测量、结果与判断。

3. 比旋度当偏振光通过长 1dm,每 1ml 中含有旋光性物质 1g 的溶液,在一定波长与温度下测得的旋光度称为比旋度(用$[\alpha]_D^{20}$表示)。

第三节 折光率测定法

折光率系指光线在空气中传播的速度与在供试品中传播速度的比值。该法具有操作简便、快速、消耗供试品少等特点。但折光率较窄(1.30 ~ 1.70),测定易挥发的供试品误差较大,不易得到准确结果。

一、基本原理

光线自一种透明介质进入另一种透明介质的时候,由于两种介质的密度不同,光的传播速度发生变化,即发生折射现象。根据折射定律,折光率(n)是光线入射角(i)的正弦与折射角(r)的正弦的比值,为常数,且等于该光线在二种介质中的速度(v_1 和 v_2)之比。

$$n = \frac{\sin i}{\sin r} = \frac{v_1}{v_2}$$

式(2-5)

式中,n 为折光率;$\sin i$ 为光学入射角的正弦值;$\sin r$ 为光线折射角的正弦值。

当光线从光疏介质进入光密介质,且它的入射角接近或等于90°时,折射角就达到最高限度,此时的折射角称为临界角(r_c),折光计的视野为明暗各半。而此时的折光率为:

$$n = \frac{\sin 90°}{\sin r_c} = \frac{1}{\sin r_c}$$ 式(2-6)

二、仪器结构

折光率常采用折光计进行测定。折光计分为双镜筒折光计和单镜筒折光计。例如2W型阿贝折光计,见图2-2。

该仪器由望远系统和读数系统两部分组成,分别由测量镜筒和读数镜筒进行观察,属于双镜筒折光计。在测量系统中,主要部件是两块直角棱镜,上面一块表面光滑,为折光棱镜,下面一块是磨砂面的,为进光棱镜。例如WYA型阿贝折光计,其结构见图2-3。是将望远系统与读数系统合并在一个镜筒内,通过同一目镜进行观察,属单镜筒折光计。

图2-2 2W型阿贝折光计

图2-3 WYA型阿贝折光计

三、操作方法及注意事项

《中国药典》规定采用钠光谱的D线(589.3nm)测定供试品相对于空气的折光率(如用阿贝折光计或与其相当的仪器,可用白光光源),除另有规定外,供试品温度为20℃。测定用的折光计需能读数至0.0001,测量范围为1.3~1.7,需重复测量3次,3次读数的平均值即为供试品的折光率(n_D^t)。

(一) 准备工作

将仪器置于光线充足的平台上,但不可受日光直射,并装上温度计,置20℃恒温室中至少1小时,或连接20℃恒温水浴中至少30分钟,以保持稳定的温度,然后使折射棱镜上透光处朝向光源,将镜筒拉向观察者,使成一适当倾斜度,对准反光镜,使视野内光线最明亮为止。

(二) 折光计的校正

1. 用纯化水校正 将折光计下棱镜拉开,用丙酮洗净,擦干,然后在下棱镜滴上一滴纯化水,合上棱镜锁紧,转动反光镜,使目镜视野明亮,调节刻度标尺的读数在水的折光率附近,然后调节手轮,使虹彩色散消除,至视野的明暗分界线恰好移至十字交叉之交点上为止。纯化水在20℃时的折光率为1.3330,25℃时为1.3325,40℃时为1.3305。

2. 用校正用棱镜校正 将仪器置于(一)项所述环境中,对折射棱镜的抛光面加1~2滴溴萘,再贴在校正用棱镜的抛光面上,然后按上述(一)项操作。

当读数与水或校正用棱镜规定值一致时,则不必校正,否则将折光率读数调到规定值,再用螺丝刀微微旋转镜筒小方孔内的螺丝,带动物镜偏摆,直至明暗分界线恰好移到至十字交叉点上为止。

(三)供试品的测定

将仪器置于上述(一)项所述环境中,通入循环水或在恒温室使棱镜的温度保持(20±0.5)℃。拉开棱镜,用棉球蘸取少量丙酮,将进光棱镜和折射棱镜擦净,再用擦镜纸擦干。滴入供试品,立即闭合棱镜。调节刻度调节手轮在镜筒内找到明暗交界线并与交叉线重合,若有彩虹则转动色散调节手轮使彩色渐渐消失,仅剩明暗清晰的分界线。重复测定3次,取其平均值,即为供试品的折光率(n_D^t)。

(四)结果判断

如果折光率的测定结果在规定的范围内,则该项检查判为"符合规定"。

(五)注意事项

1. 仪器必须置于有充足光线且干燥的房间,不可在有酸碱气的实验室中使用。

2. 大多供试品的折光率受温度影响较大,一般是温度升高折光率降低,但不同物质升高或降低的值也不同,因此在测定时温度恒定至少半小时。

3. 上下棱镜必须清洁,勿用粗糙的纸或酸性乙醚擦拭棱镜,勿用折光计测试强酸性、强碱性或有腐蚀性的供试品。

4. 滴加供试品时注意玻璃棒或滴管不要触及棱镜,防止棱镜造成划痕。加入供试品的量要适中,使在棱镜上生成一均匀的薄层,同时勿使气泡进入样品,以免影响结果。

5. 读数时视野中的黑白交叉线必须明显,且明确地位于十字交叉线上,除调节色散调节旋钮外,还应调整下部反射镜或上棱镜透光处的光亮强度。

6. 测定挥发性液体时,可将上下棱镜关闭,将测定液沿棱镜进样孔流入,要随加随读,测固体样品或用校正棱镜校正仪器时,只能将供试品或标准玻璃片置于测定棱镜上,而不能关闭上下棱镜。

7. 测定结束时,必须用能溶解供试品的试剂和水、乙醇将上下棱镜擦拭干净,晾干,放入仪器箱内,并放入硅胶防潮。

四、应用与实例分析

折光率是物质的物理常数,常用于某些药物、药物合成原料、中间体等的定性鉴别及纯度检查,也可用于定量分析溶液的成分比例或浓度。如《中国药典》(2015年版)中挥发油、油脂和有机溶剂药物的"性状"项下都列有"折光率"一项。

实 例 分 析

实例一 注射用大豆油折光率的测定。

（一）操作方法

1. **测试前准备** 按阿贝折光计操作规程,将阿贝折光仪与恒温水浴槽相连接,并将温度调节至（20.0±0.5）℃,恒温 30 分钟。

2. **折光仪的校正** 用纯水校正折光率至 1.3330。

3. **测量** 取大豆油测量其折光率,平行测量 3 次,取其平均值。

（二）结果与判定

将 3 次测量结果取平均值,即大豆油折光率。《中国药典》（2015 年版）规定本品的折光率应为 1.472～1.476。其测量值若在 1.472～1.476 范围内,符合规定。否则,不符合规定。

> ┌─ **边学边练** ─────────────────────────────
>
> 学会折光率的测定,操作过程请参见实验实训项目 2-2 乙酸乙酯的折光率测定。

点滴积累 ∨ ···

1. 阿贝折光计的校正方法纯水和校正用棱镜校正。

2. 测定折射率的应用定性鉴别或检查药品的纯杂程度。

3. 折光率系指光线在空气中传播的速度与在供试品中传播的速度的比值。影响测定折射率的因素温度、波长和压力。

复习导图

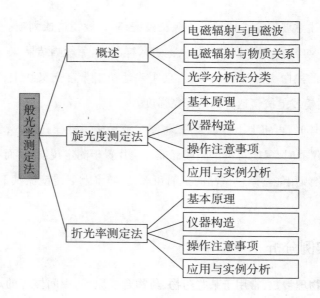

目标检测

一、判断题

（　　）1. 测定药品的旋光度时，钠光灯应尽量使用交流电，不测定时间间隔可置于直流电供电。

（　　）2. 每次测定供试品的旋光度前，一定要用纯水做空白校正。

（　　）3. 浑浊或含有小颗粒溶液也可装入旋光管中测定其旋光度。

（　　）4. 折光率测定时，通常情况下，当波长越短时折光率越大。

（　　）5. 滴加供试品时，注意棒或滴管尖不要触及棱镜，防止棱镜造成划痕。

二、填空题

1. 直线偏振光通过某些含有光学活性化合物的液体或溶液时，能引起的旋光现象，使偏振光的平面向左或向右旋转，并在一定条件下有一定度数，称为_____。

2. 当偏振光通过长 1dm，每 1ml 中含有旋光性物质 1g 的溶液，在一定波长与温度下测得的旋光度称为_____。

3. 《中国药典》采用钠光谱的 D 线（589.3nm）测定旋光度，旋光管长为 1dm 或 2dm，测定温度为_____。

4. 折光率测定法可用于药物的含量测定，在一定条件下，测定波长越长时，被测物质折光率_____。

三、简答题

1. 旋光度检测注意要点是什么？

2. 简述折光测定在药品检验中的意义。

3. 何谓光的二象性及电磁波谱？

四、实例分析

精密称取经干燥的氯霉素 2.5050g，置 50ml 量瓶中，加无水乙醇使溶解，并稀释至刻度，摇匀。用 2dm 旋光管于 20℃测得旋光度为+2.1°，试计算氯霉素的比旋度。

ER-02章习题

拓展资源

X 射线衍射法

X 射线衍射法（XRD）是一种利用单色 X 射线光束照射到被测样品上，检测样品的三维立体结构（含手性、晶型、结晶水或结晶溶剂）或成分（主成分及杂质成分、晶型种类及含量）的分析方法。

单晶 X 射线衍射法（SXRD）的测检对象为一颗晶体，该方法适用于晶态样品的分子立体结构定量分析、手性分析、晶型分析、结晶水含量分析等。

粉末 X 射线衍射法（PXRD）的测检对象为众多随机取向的微小颗粒，它们可以是晶体或非晶体等固体样品。该法适用于对晶态物质或非晶态物质的定性鉴别与定量分析。

X 射线衍射仪器是由 X 射线光源（直流高压电源、真空管、阳极靶）、准直系统（准直管、样品架）、仪器控制系统（指令控制、数据控制）、冷却系统组成。

X 射线衍射的基本原理：当一束 X 射线通过滤波镜以单色光（特定波长）照射到单晶体样品或粉末微晶样品时即发生衍射现象，衍射条件遵循布拉格方程式。当 X 射线照射到晶态物质上时，可以产生衍射效应；而当 X 射线照射到非晶态物质上时则无衍射效应。单晶 X 射线衍射结构（晶型）定量分析和粉末 X 射线成分（晶型）定性与定量分析均是依据 X 射线衍射基本原理。

（孟 璐）

第三章

紫外-可见分光光度法

导学情景

情景描述

1801 年，德国物理学家里特在研究太阳光谱时，很想知道太阳光分解为七色光后是否还有其他看不见的光。里特知道氯化银在加热或受到光照时会分解而析出银，析出的银由于颗粒很小而呈黑色，就用一张纸片醮了少许氯化银溶液，并把纸片放在太阳光通过棱镜色散后的七色光的紫光外侧，过了一会儿，发现纸片上醮有氯化银的地方变黑了。里特确定了紫光的外侧还存在一种看不见的光线，并称之为紫外光或紫外线。

学前导语

现在我们知道，适量的紫外光可以促进人体合成维生素 D，用于杀菌消毒，过量的紫外光能够灼伤人体组织。人们还根据物质对紫外光和可见光（肉眼可以看到的光）的吸收特性，建立了一种分析方法，即紫外-可见分光光度法。据统计，采用紫外-可见分光光度法检测的药物占药物总量的 29%，据此可知这种分析方法很重要。本章将介绍紫外-可见分光光度法的基本原理、仪器及其基本操作，以及在药物分析领域的应用。

紫外-可见分光光度法（ultraviolet-visible molecular absorption spectrometry，UV-Vis）是根据物质分子对紫外-可见光（波长为 200～760nm）的吸收特性而建立起来的定性、定量和结构分析方法。

紫外-可见分光光度法具有如下几个特点：①灵敏度高。待测物质的浓度下限一般可达 10^{-7}～10^{-4}g/ml，非常适用于微量或痕量组分的分析。②准确度高。在定量分析方面，相对误差一般为 1%～3%。③选择性好。用纯度较高的单色光作为入射光，根据物质对光的特征吸收，可以为定性和结构分析提供佐证。在一定条件下，利用物质对光的吸收程度及其加和性，可以对单组分溶液进行定量分析，还可以对多组分溶液进行定量分析。④操作简便、测定快速。仪器设备简单，易于操作，分析速度快，价格低廉，易于普及。

紫外-可见分光光度法问世之后，随着物理光学、电子学、计算机科学的发展而迅速发展，特别是用于测定吸光度的紫外-可见分光光度计不断更新换代，功能日益完善，操作更加方便，应用范围非常广泛。无论是无机离子或有机化合物，只要在紫外、可见光区内有吸收，都可以直接或间接地应用紫外-可见分光光度法进行测定。因此，紫外-可见分光光度法已经成为人们从事生产和科研的重要测试手段，广泛用于卫生理化检测、药品分析、食品分析、环境监测、石油化工、科学研究、矿产资源勘探和工农业生产等领域。

学习和掌握紫外-可见分光光度法的相关知识和技能,不但能够利用该方法进行定量、定性和结构分析,而且还可以为学习红外分光光度法、原子吸收分光光度法、荧光分光光度法和核磁共振波谱法等分析方法奠定基础,从而为学习药物化学、药剂学和药物分析等课程作前期准备。

点滴积累 ∨ ··

1. 紫外-可见分光光度法是根据物质分子对紫外-可见光的吸收特性建立起来的定性、定量和结构分析方法。
2. 紫外-可见分光光度法的特点是灵敏度高、准确度高、选择性好、操作简便、测定快速。

第一节 紫外-可见分光光度法的基本原理

一、透光率和吸光度

在一定条件下,当一束平行的单色光照射溶液时,有一部分透过溶液,有一部分被溶液吸收,还有一部分被反射、折射、散射等。那么,入射光的强度等于光与溶液发生作用的总强度。在制造仪器时,尽量使反射光、折射光和散射光的强度能够忽略不计,所以,入射光的强度 I_0 就等于溶液吸收光的强度 I_a 与透射光的强度 I_t 之和,如图 3-1 所示,即:

$$I_0 = I_a + I_t \qquad 式(3-1)$$

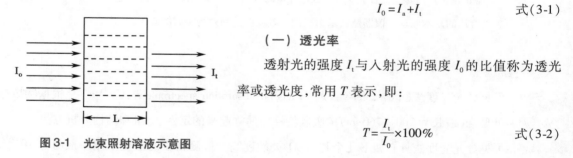

（一）透光率

透射光的强度 I_t 与入射光的强度 I_0 的比值称为透光率或透光度,常用 T 表示,即:

$$T = \frac{I_t}{I_0} \times 100\% \qquad 式(3-2)$$

图 3-1 光束照射溶液示意图

透光率越大,表示溶液对光的吸收程度越小;透光率越小,表示溶液对光的吸收程度越大。

（二）吸光度

在实际应用时,常用吸光度表示溶液对光的吸收程度。吸光度是透光率的负对数,常用 A 表示。吸光度 A 与透光率 T 之间的关系为:

$$A = -\lg T = \lg \frac{1}{T} = \lg \frac{I_0}{I_t} \qquad 式(3-3)$$

$$T = 10^{-A} \qquad 式(3-4)$$

二、光的吸收定律

（一）光的吸收定律的表述

朗伯(Lambert)和比尔(Beer)分别在 18 世纪和 19 世纪研究了有色溶液的吸光度 A 与液层厚度

L 和溶液浓度 c 之间的定量关系,共同奠定了分光光度法的理论基础,被称为光的吸收定律,也称为朗伯-比尔定律。可以表述为:当一束平行的单色光通过均匀、无散射的含有吸光性物质的溶液时,在入射光的波长、强度及溶液的温度等条件不变的条件下,溶液的吸光度 A 与溶液的浓度 c 及液层厚度 L 的乘积成正比,即:

$$A = KcL \qquad\qquad 式(3\text{-}5)$$

式中,比例常数 K 称为吸光系数,在一定条件下为常数。

光的吸收定律不仅适用于可见光,而且也适用于紫外光和红外光;不仅适用于均匀、无散射的溶液,而且也适用于均匀、无散射的固体和气体等,它是各类分光光度法进行定量分析的理论依据。

溶液的吸光度具有加和性。如果溶液中同时存在两种或两种以上的吸光性物质,则该溶液的吸光度等于溶液中各吸光性物质吸光度的总和。例如,某溶液含有 a、b、c 三种吸光性物质,其吸光度分别为 A_a、A_b、A_c,该溶液的总吸光度为 $A_{(a+b+c)}$,则:

$$A_{(a+b+c)} = A_a + A_b + A_c \qquad\qquad 式(3\text{-}6)$$

式(3-6)是分光光度法对多组分溶液进行定量分析的理论依据。

（二）吸光系数

吸光系数是式(3-5)中的比例常数 K,其物理意义和表达方式随待测溶液的浓度单位的不同而不同,常用下列两种方法来表示。

1. **摩尔吸光系数**　在入射光波长一定时,溶液浓度为 1mol/L,液层厚度为 1cm 时所测得的吸光度称为摩尔吸光系数,常用 ε 表示,其单位为 L/(mol·cm)。

通常情况下,$\varepsilon \geq 10^4$ 时称为强吸收,$\varepsilon < 10^2$ 时称为弱吸收,$10^2 \leq \varepsilon < 10^4$ 时称为中等强度吸收。当 $\varepsilon \geq 10^3$ 时,一般可以用于分光光度法的定量测定。

2. **百分吸光系数**　在入射光波长一定时,溶液浓度为 1%(g/100ml),液层厚度为 1cm 时所测得的吸光度称为百分吸光系数,也称为比吸光系数,常用 $E_{1cm}^{1\%}$ 表示,其单位为 ml/(g·cm)。

摩尔吸光系数 ε 和百分吸光系数 $E_{1cm}^{1\%}$ 通常由实验测得,但不能直接取 1mol/L 这样高浓度的溶液去测定,而只能通过测定已知准确浓度的稀溶液的吸光度,根据光的吸收定律的数学表达式计算求得。

根据上述定义,摩尔吸光系数 ε 和百分吸光系数 $E_{1cm}^{1\%}$ 之间的换算关系是:

$$\varepsilon = E_{1cm}^{1\%} \times \frac{M}{10} \qquad\qquad 式(3\text{-}7)$$

式中,M 是吸光性物质的摩尔质量。当入射光的波长、溶剂的种类、溶液的温度和仪器的性能等因素确定时,ε 和 $E_{1cm}^{1\%}$ 只与吸光性物质的性质有关,是物质的特征常数之一,可以表示该物质对某一特定波长光的吸收能力。在一定条件下,ε 和 $E_{1cm}^{1\%}$ 愈大,表明相同浓度的溶液对某一波长的入射光吸收愈强,测定的灵敏度愈高。

同一物质对不同波长的单色光可以有不同的吸光系数;不同物质对同一波长的单色光也会有不

同的吸光系数。

在某一波长范围内,吸光系数最大值所对应的波长称为最大吸收波长 λ_{max}。通常用物质的最大吸收波长 λ_{max} 所对应的吸光系数作为一定条件下衡量灵敏度的特征常数。

例 3-1 某化合物溶液遵守光的吸收定律,当浓度为 c_1 时,透光率为 T_1,试计算:当浓度为 $0.5c_1$、$2c_1$ 时,在测定条件不变的情况下,相应的透光率 T_2、T_3 分别为多少? 何者最大?

解:根据光的吸收定律: $\qquad A = KcL$

当浓度为 c_1 时: $\qquad -\lg T_1 = Kc_1 L$

当浓度为 $0.5c_1$ 时: $\qquad -\lg T_2 = Kc_2 L = K(0.5c_1)L = 0.5(-\lg T_1)$

$$\therefore \quad -\lg T_2 = -\lg (T_1)^{1/2}$$

$$T_2 = T_1^{1/2}$$

当浓度为 $2c_1$ 时: $\qquad -\lg T_3 = Kc_3 L = 2 \times (Kc_1) = 2 \times (-\lg T_1)$

$$\therefore \quad -\lg T_3 = -\lg (T_1)^2$$

$$T_3 = T_1^2$$

$$\therefore \quad 0 < T < 1$$

$$\therefore \quad T_2 \text{ 为最大}$$

答: T_2、T_3 分别为 $T_1^{1/2}$ 和 T_1^2;当浓度为 $0.5c_1$ 时,透光率最大。

例 3-2 某化合物的相对分子质量 $M = 125$,摩尔吸光系数 $\varepsilon = 2.5 \times 10^5 \mathrm{L/(mol \cdot cm)}$,今欲准确配制该化合物溶液 1L,使其在稀释 200 倍后,于 1.00cm 吸收池中测得的吸光度 $A = 0.600$,问应称取该化合物多少克?

解:已知 $M = 125\mathrm{g/mol}$,$\varepsilon = 2.5 \times 10^5 \mathrm{L/(mol \cdot cm)}$,$L = 1.00\mathrm{cm}$,$A = 0.600$。

求应称取多少克该化合物制成溶液后,其浓度满足题设条件。

设应称取该化合物 x 克,准确配制成 1L 溶液,并稀释 200 倍后,其浓度为:

$$c = \frac{\dfrac{x}{125}}{1.00 \times 200}$$

$$\therefore \quad A = \varepsilon \cdot c \cdot L$$

$$\therefore \quad 0.600 = 2.50 \times 10^5 \times \frac{\dfrac{x}{125}}{1.00 \times 200} \times 1.00$$

解得: $x = 0.0600(\mathrm{g})$

答:应称取该化合物 0.0600g。

例 3-3 用氯霉素(分子量为 323.15)纯品配制 100ml 含 2.00mg 的溶液,以 1.00cm 厚的吸收池在 278cm 波长处测得其透光率为 24.3%,试计算氯霉素在 278cm 波长处的摩尔吸光系数和百分吸光系数。

解:已知 $M = 323.15\mathrm{g/mol}$,$c = 2.00 \times 10^{-3}(\mathrm{g/100ml})$,$T = 24.3\%$。

求氯霉素在 278cm 波长处的摩尔吸光系数 ε 和百分吸光系数 $E_{1\text{cm}}^{1\%}$。

$$\because \quad A = -\lg T = E_{1\text{cm}}^{1\%} \cdot c \cdot L$$

$$\therefore \quad E_{1\text{cm}}^{1\%} = \frac{-\lg T}{c \cdot L} = \frac{-\lg 0.243}{2.00 \times 10^{-3}} = \frac{0.614}{2.00 \times 10^{-3}} = 307$$

$$\varepsilon = E_{1\text{cm}}^{1\%} \times \frac{M}{10} = 307 \times \frac{323.15}{10} = 9920 \text{L}/(\text{mol} \cdot \text{cm})$$

答:氯霉素在 278cm 波长处的摩尔吸光系数和百分比吸光系数分别为 9920L/(mol · cm)和 307。

(三) 影响光的吸收定律的因素

在实际工作中,很多因素可能导致吸光度 A 和浓度 c 的关系偏离光的吸收定律,给测定结果带来误差,这些因素主要有如下两个方面。

▶ 课堂活动

根据光的吸收定律,吸光系数 ε 与哪些因素有关? 测定吸光度时,为什么要用最大吸收波长处的单色光作为入射光?

1. 化学因素

(1) 溶液的浓度:光的吸收定律通常只适用于稀溶液。浓度较大时,吸光质点间的平均距离缩小,邻近质点彼此的电荷分布会相互影响,使每个质点吸收特定波长光波的能力有所改变,吸光系数随之改变;同时,高浓度溶液对光的折射率发生改变,测定的吸光度产生偏离。但是,浓度过低时,待测溶液和参比溶液的吸光性差别过小,测定的吸光度也会发生偏离。

(2) 化学变化:溶液中的吸光性物质常因离解、缔合、形成新化合物或互变异构等化学变化而改变其浓度,导致偏离光的吸收定律。

(3) 溶剂的影响:在不同的溶剂中,吸光性物质的物理性质和化学组成有可能不同,其吸光系数、最大吸收波长也不同,导致偏离光的吸收定律。

2. 光学因素

(1) 非单色光:光的吸收定律通常只适用于单色光。在实际工作中,由分光光度计的单色器所获得的入射光并非纯粹的单色光,而是具有一定波长范围的“复合光”,从而导致偏离光的吸收定律。

(2) 非平行光:光的吸收定律通常只适用于平行光。在实际测定中,通过吸收池的入射光,并非是绝对的平行光,这种光束通过吸收池的实际光程(液层厚度)比垂直照射的平行光的光程要长,所以,吸光度的测定值偏大,导致偏离光的吸收定律。

(3) 杂散光:由分光光度计的单色器所获得的单色光中,还混杂一些与所需的光波长不符的光称为杂散光,这也会导致偏离光的吸收定律。

(4) 散射现象:当光波通过溶液时,溶液中的质点对其有散射作用,有一部分光会因散射而损失,使吸光度的测定值偏大,导致偏离光的吸收定律。

(5) 反射和折射现象:入射光通过折射率不同的两种介质的界面时,有一部分光被反射和折射而损失,使吸光度的测定值偏大,导致偏离光的吸收定律。

为了消除或降低上述影响因素,可以采取适当的应对措施,如将试样溶液进行稀释、加入过量的显色剂并保持溶液中游离显色剂的浓度恒定、使用性能较好的单色器以获得"绝对"的单色平行光束等。

三、紫外-可见吸收光谱

在溶液浓度和液层厚度一定的条件下,分别测定溶液对不同波长的入射光的吸光度,以波长 λ 为横坐标,以对应的吸光度 A 为纵坐标描绘曲线,这条曲线称为吸收光谱曲线,简称吸收光谱,也称为 A-λ 曲线或吸收曲线。吸收光谱上的凸起部分称为吸收峰,其中,比左右相邻都高之处所对应的波长称为最大吸收波长,常用 λ_{max} 表示。在吸收峰上出现的不成峰形的小曲折,形状类似人的肩膀,称为肩峰。吸收光谱上两个吸收峰之间的凹下部分称为谷,比左右相邻都低之处所对应的波长称为最小吸收波长,常用 λ_{max} 表示。在吸收光谱短波长端所呈现的强吸收而不呈峰形的部分叫末端吸收,如图 3-2 所示。

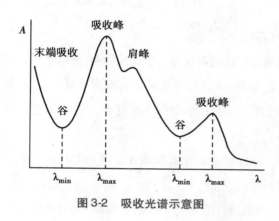

图 3-2　吸收光谱示意图

通过测定物质的吸收光谱,可以从中找到最大吸收波长 λ_{max} ,以此作为定量分析的最佳工作波长。

如果用同一物质配制不同浓度的溶液,在相同条件下分别绘制吸收光谱,则它们的图形相似,最大吸收波长 λ_{max} 相同。换句话说,在一定条件下,物质对光的特征吸收或选择吸收是一定的,或者说,λ_{max} 与分子中外层电子或价电子的结构(成键、非键或反键电子)有关,吸收光谱的形状取决于物质的分子结构。因此,吸收光谱是紫外-可见分光光度法定性分析和结构分析的依据。

点滴积累 ∨

1. 透光率是透射光强度 I_t 与入射光强度 I_0 的比值;吸光度是透光率的负对数。

2. 光的吸收定律,也称为朗伯-比尔定律,指当一束平行的单色光通过均匀、无散射的含有吸光性物质的溶液时,在入射光的波长、强度及溶液的温度等条件不变的条件下,溶液的吸光度 A 与溶液的浓度 c 及液层厚度 L 的乘积成正比,即:$A = KcL$。

3. 光的吸收定律的数学表达式中的比例常数称为吸光系数,其物理意义和表达方式随待测溶液的浓度单位不同而不同,常用摩尔吸光系数 ε 、百分吸光系数 $E_{1cm}^{1\%}$ 等两种形式来描述。

4. 化学因素和光学因素往往影响光的吸收定律,前者主要指溶液浓度、吸光性物质的化学变化、溶剂等,后者主要指非单色光和非平行光等。

5. 在一定条件下,溶液的吸光度 A 随波长 λ 变化而变化的曲线称为吸收光谱曲线,简称吸收光谱,也称为 A-λ 曲线或吸收曲线。

第二节　紫外-可见分光光度计

紫外-可见分光光度计是在紫外光区和可见光区用于测定溶液吸光度的仪器。在国内外的药典中,规定用紫外-可见分光光度计进行分析测定的药品很多,如维生素类、抗生素类、降血压药及镇咳药等。因此,紫外-可见分光光度计是制药企业和药检行业必备的检测仪器。

一、紫外-可见分光光度计的基本结构

紫外-可见分光光度计的生产厂家比较多,仪器的型号互不相同,外形和功能各异,但它们都由光源、单色器、吸收池、检测器和信号处理及显示器等五个基本部件所构成,如图3-3所示。

$$\boxed{光源} \rightarrow \boxed{单色器} \rightarrow \boxed{吸收池} \rightarrow \boxed{检测器} \rightarrow \boxed{信号处理及显示器}$$

图3-3　紫外-可见分光光度计结构示意图

（一）光源

光源是能够发射强度足够且稳定的连续光谱(由多种波长的光所组成,称为复合光)的部件,常用的光源有两类。

1. 钨灯或卤钨灯　钨灯又称白炽灯,其发光强度与灯的工作电压的3~4次方成正比,工作电压的微小波动就会引起发光强度的很大变化,故要用稳压电源,保证光源的发光强度稳定。卤钨灯是在钨灯灯泡内填充碘或溴的低压蒸气,由于灯内卤元素的存在,减少了灯丝的蒸发,所以使用寿命比较长,且发光效率比较高。这类光源可以发射350~1000nm的连续光谱,用于可见光区的测定。

2. 氢灯或氘灯　这类光源都是气体放电发光体,可以发射150~400nm的连续光谱,用于紫外光区的测定。为了避免玻璃对紫外光的吸收,其灯泡用石英窗或用石英灯管制成。氘灯或氘灯的价格比氢灯高,但氘灯或氘的发光强度和使用寿命比氢灯提高2~3倍,目前的仪器大多用氘灯,并配置专用的电源装置,确保稳定的工作电流。

（二）单色器

单色器是将光源发射的连续光谱进行色散、并从中选出所需单色光(由单一波长组成的光)的光学系统。单色器性能的好坏直接影响测定的灵敏度、准确度、选择性及标准曲线的线性关系等。单色器由进光狭缝、准直镜、色散元件和出光狭缝组成,光源发射的复合光,经聚光后射入进光狭缝,经准直镜变成平行光,投射于色散元件,经色散后变成连续光谱,再经准直镜和聚焦透镜变成平行光,通过转动色散元件(仪器上的波长调节钮),可使所需波长的平行单色光射出出光狭缝。其光路原理如图3-4所示。

1. 色散元件　是单色器的关键元件,其作用是将复合光进行色散。常用的色散元件有棱镜和光栅。

棱镜用玻璃或石英材料制成。玻璃棱镜对可见光的色散性比较好,但会吸收紫外光,只能用于可见光区;石英棱镜对紫外光的色散好,且对紫外光不吸收,宜用于紫外光区,也可用于可见光区。

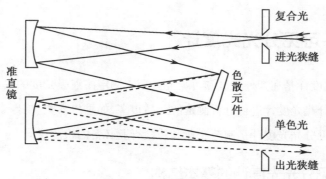

图 3-4 单色器光路示意图

光栅是一种在高度抛光的玻璃或合金表面刻有许多等宽、等距平行条痕的光学元件。光栅上的条痕密度为每毫米 1200 个,复合光经过光栅反射后,由于衍射和干涉作用使光发生色散。光栅的色散率几乎不随波长改变而改变,分辨率比棱镜高,可用于紫外光、可见光、红外光等光谱区域。

2. 准直镜 是准光系统的简称,由凹面反射镜和凸透镜组成,能将进、出单色器狭缝的非平行光调节成平行光。

3. 狭缝 是光的进、出口,分别由具有很锐刀口的两个金属片精密加工而成,两个刀口之间必须严格平行,并且处在相同的平面上。进光狭缝的作用是限制杂散光进入单色器,出光狭缝的作用是允许所需要的单色光射出单色器。狭缝是单色器的重要组成部分,关系到单色器的分光质量。狭缝越宽,光通量越大,但获得的光的单色性越差,影响吸光度的测定;狭缝越窄,获得的光的单色性越好,但光通量和光强度越小,同样影响吸光度的测定。因此,测定时要调节适当的狭缝宽度。

(三) 吸收池

吸收池是用来盛放试样溶液的容器,也称为比色皿或比色杯。在可见光区测定时,使用光学玻璃或石英材料制成的吸收池;在紫外光区测定时,由于玻璃对紫外光吸收明显,故必须使用石英材料制成的吸收池。测量时,盛放参比溶液和试样溶液的一组吸收池必须相互匹配。

知识链接

吸收池的匹配

吸收池相互匹配,也称为吸收池的配对或校正,要求吸收池的光学性能彼此一致,即在相同的测定条件下,盛放同一溶液测定透光率,彼此的相对误差应小于 0.3%。通常用参比溶液和试样溶液分别测定。

(四) 检测器

检测器是将通过吸收池的光信号转换成为电信号的光电元件,常用的有光电管和光电倍增管。

光电管是由一个丝状阳极和一个光敏阴极组成的真空(或充少量惰性气体)二极管。光敏阴极的凹面镀一层碱金属或碱金属氧化物等光敏材料,受光照射时能够发射电子,流向阳极而形成电流,称为光电流。光电流的大小与照射光的强度有关。光电流被放大、检测后,以此反映照射光强度的变化。光电管的结构如图 3-5 所示。

光电倍增管的工作原理与光电管相似,其区别是在光敏阴极和阳极之间加了几个倍增级(一般是九个)。光敏阴极被光照射后发射电子,电子被第一倍增级的高电压加速并撞击第二倍增级的表面,能够发射出更多的电子,各倍增级之间的电压依次增高 90V。如此经过多个倍增级后,发射的电子大大增加,被阳极收集后,能够产生较强的光电流。此电流还可以进一步被放大,从而增加检测的灵敏度。

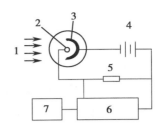

图 3-5　光电管结构示意图
1. 照射光　2. 阳极　3. 光敏阴极　4. 90V 直流电源　5. 电阻　6. 直流放大器　7. 指示器

知识链接

光　电　管

常用的光电管有两种,一是紫敏光电管,用于检测波长为 200 ~625nm 的光;二是红敏光电管,用于检测波长为 625 ~1000nm 的光。光电管易疲劳,不宜长时间连续使用。光电倍增管的灵敏度很高,常用于检测弱光,一般不能用于检测强光。

(五) 信号处理与显示器

光电流经过放大后,以某种方式将测量结果显示出来。常用的显示方式有电表指示、数字显示、荧光屏显示、电脑显示等。显示的测定数据有透光率、吸光度、浓度、曲线描绘、吸光系数等。现代的紫外-可见分光光度计常与计算机连接,可以直接打印所需要的结果。

二、紫外-可见分光光度计的类型及特点

(一) 根据工作波长分类

根据入射光的波长范围不同,紫外-可见分光光度计可以分为下列两个基本类型。

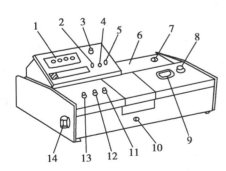

图 3-6　722 型分光光度计外形图
1. 数字显示器　2. 吸光度调零钮　3. 功能选择钮　4. 吸光度斜率钮　5. 浓度旋钮　6. 光源室　7. 电源开关　8. 波长调节钮　9. 波长读数窗　10. 吸收池架拉杆　11. 100% T 旋钮　12. 0% T 旋钮　13. 灵敏度调节钮　14. 干燥室

1. 可见分光光度计　此类分光光度计一般仅用于可见光区(400 ~760nm)的定量测定。其特点是构造简单,单色性和精密度相对较差。常见的是国产 72 系列的分光光度计,用钨灯作光源;用三棱镜或光栅作单色器的色散元件;每台仪器配有一套厚度分别为 0.5cm、1.0cm、2.0cm、3.0cm、5.0cm 等规格的玻璃吸收池供选用;用光电管作检测器。721 型分光光度计用微安电表指针作显示器,其标尺上有透光率和吸光度两种刻度,透光率的刻度从左到右为 0 ~100 等分刻线,吸光度的刻度从左到右为 ∞ ~0 不等距刻线;722 型分光光度计采用数字显示器,可显示吸光度、透光率或浓度等测定数据,其外形如图 3-6 所示。

2. 紫外-可见分光光度计　此类分光光度计可用于紫外光区和可见光区的分析测定,其特点是单色性和精密度相对较高,既可用于定量分析,也可以用于定性鉴别或结构分析。

仪器配有卤钨灯和氘灯两种光源,卤钨灯的使用波长为350~1000nm,氘灯的使用波长为190~360nm,卤钨灯和氘灯的转换用手柄控制,现代的仪器常用计算机控制,可以自动转换;单色器的色散元件是平面光栅;吸收池由石英制成;检测器是PD硅光电池或光电倍增管;采用大屏幕LCD中文窗口显示操作菜单或中文UVwin软件,可以显示浓度c、吸光度A、透光率T和吸光系数,还可以显示吸收曲线和标准曲线等,需要时能够打印检测结果,具有自动扫描测量光谱、测量吸光度、动力学分光光度分析等多项功能。

(二) 根据光路原理分类

根据光路原理的不同,紫外-可见分光光度计分为单波长分光光度计和双波长分光光度计两大类;单波长分光光度计又可分为单光束分光光度计和双光束分光光度计两类。它们的光路原理如图3-7所示。

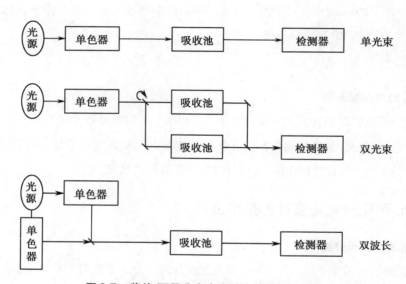

图3-7　紫外-可见分光光度计光路原理示意图

1. 单光束分光光度计　光源发射的连续光谱经过单色器之后,仅有一束单色光轮流通过参比溶液和样品溶液,分别检测光强度。

这类仪器的优点是结构简单、价格便宜,主要用于定量分析。其缺点是测量结果受电源的波动影响较大,容易给定量结果带来误差。此外,操作麻烦,不宜用于定性分析。

2. 双光束分光光度计　光源发射的连续光谱经过单色器之后,由一个斩光器将它分成波长相同的两束单色光,一束通过参比溶液,另一束通过样品溶液,两束透过光交替地照射到检测器上,检测器产生的电信号经比较放大后,由显示器显示测量结果。

这类仪器的优点是能够自动消除光源强度变化所引起的误差,操作相对简单,可用于定性、定量分析。其缺点是结构相对复杂、价格偏高。

3. 双波长分光光度计　光源发射的连续光谱经过两个并列的单色器分光之后,能够产生两束不同波长的单色光,交替照射同一试样溶液,得到同一试样溶液对不同波长单色光的吸光度差值。

这类仪器有两个优点,一是测定时不需要参比池,可以避免吸收池不匹配、参比溶液与试样溶液的折射率和散射作用不同而引起的误差;二是对于多组分混合物、混浊试样(如生物组织液)分析,以及存在背景干扰或共存组分吸收干扰的情况下,往往能提高方法的灵敏度和选择性。

近年来,国产紫外-可见分光光度计与国外同类产品相比,其性能和质量已经处于同等水平,且价格低廉,维修方便,应该成为药品分析工作者的首选。另外,还应该根据工作任务和分析对象,选购具有相应功能的仪器,如果盲目追求进口仪器或"高精尖"仪器,则可能会造成不必要的浪费和麻烦。

▶ 课堂活动

谈谈紫外-可见分光光度计是如何分类的。

三、紫外-可见分光光度计的使用与维护

如前所述,紫外-可见分光光度计的型号多、外形和功能差别大,具体操作方法不尽相同,因此,使用之前必须认真阅读仪器配备的使用手册或说明书,严格按照操作规程使用仪器,并进行必要的养护和维修,确保顺利完成工作任务,并延长仪器的使用寿命。

(一)仪器的使用

使用紫外-可见分光光度计,通常应遵循下列基本操作步骤。

1. **开机** 取出试样室内的干燥剂,连接仪器电源线,打开仪器开关,等待仪器自检,使仪器预热20分钟。

2. **测量** 设置测试方式,获取测量数据。

3. **关机** 测定完毕,关闭仪器开关,拔下电源,将干燥剂放回试样室,复原仪器并罩好防尘罩,清洗比色皿,置于滤纸上晾干后装入比色皿盒,登记使用情况。

4. **注意事项** ①开关样品室盖时,动作要轻缓;②避免在仪器上方倾倒溶液,以免不慎散落溶液、污染仪器;③注意保护吸收池的两个透光面,避免摩擦、留下指纹或污物。如果吸收池外壁沾有残液,只能用擦镜纸吸干。使用完毕,应及时洗净、晾干、装入比色皿盒。

▶ 课堂活动

为什么要注意保护吸收池的两个透光面?

(二)仪器的校正

1. **波长的校正** 氢灯或氘灯的发射谱线中有几根原子谱线可用作波长校正,常用的有486.13nm(F线)和656.28nm(C线)。

稀土玻璃(如镨钕玻璃、钬玻璃)在相当宽的波长范围内有特征吸收峰,可以用来检查和校正分光光度计的波长读数。某些元素辐射产生的强谱线也可以用于检查和校正波长,如汞灯的546.1nm是强绿色谱线,钾的776.5nm,铷的780.0nm以及铯的852.1nm都可应用。在可见光区校正波长的最简便方法是绘制镨钕玻璃的吸收光谱。

苯蒸气在紫外光区有特征吸收峰,可用它来校正波长。只要在吸收池内滴一滴液体苯,盖上吸收池盖,待苯蒸气充满整个吸收池后,即可测绘苯蒸气的吸收光谱。

2. 吸光度的校正 硫酸铜、硫酸钴铵、铬酸钾等的标准溶液,可用来检查或校正分光光度计的吸光度标度。其中以铬酸钾溶液最普遍,《中国药典》(2015 年版)通则 0401 采用重铬酸钾的硫酸溶液(0.005mol/L)。

3. 杂散光的检查 杂散光是紫外-可见分光光度计分析误差的主要来源,它直接限制被测试样浓度的上限。当一台紫外-可见分光光度计的杂散光一定时,被分析的试样浓度越大,其分析误差就越大。《中国药典》(2015 年版)通则 0401 规定,可按表 3-1 所列的试剂和浓度,配制成水溶液,置 1cm 石英吸收池中,在规定的波长处测定透光率,应符合表 3-1 中的规定。

表 3-1 检查杂散光的溶液及标准

试剂	浓度(g/100ml)	测定用波长(nm)	透光率(%)
碘化钠	1.00	220	<0.8
亚硝酸钠	5.00	340	<0.8

(三)仪器的日常维护

分析工作者要懂得紫外-可见分光光度计的主要技术指标及其简易的测试方法,经常对仪器进行必要的维护,以保证仪器工作处于最佳状态。

1. 仪器应放置于恒温恒湿的仪器室 温度和湿度不当,会影响机械系统的灵活性,降低各种限位开关、按键、光电耦合器的可靠性,造成光学部件如光栅、反射镜、聚焦镜等的铝膜锈蚀,产生光能不足、杂散光、噪声等,导致仪器性能下降,从而影响仪器寿命。每月应开机 1~2 小时,一方面可去潮湿,避免光学元件和电子元件受潮,另一方面可保持各机械部件不会生锈,以保证仪器能正常运转。同时要经常查看干燥剂是否失效。

2. 仪器应避免尘埃和腐蚀性气体 尘埃和腐蚀性气体会影响仪器的性能和寿命。仪器使用一定周期后,最好由维修工程师或在工程师指导下定期对仪器进行除尘,对光学盒的密封窗口进行清洁,必要时对光路进行校准,对机械部分进行清洁和必要的润滑。避免将仪器置于有腐蚀性气体的环境中使用或存放。

点滴积累 ∨

1. 紫外-可见分光光度计一般都由光源、单色器、吸收池、检测器和信号处理及显示器等五个基本部件所构成。

2. 根据入射光的波长范围不同,紫外-可见分光光度计可以分为两个基本类型。根据光路原理不同,紫外-可见分光光度计分为单波长分光光度计和双波长分光光度计两大类;单波长分光光度计又可分为单光束分光光度计和双光束分光光度计两类。

3. 紫外-可见分光光度计的型号多、外形和功能差别大,使用之前必须认真阅读仪器配备的使用手册或说明书,严格按照操作规程使用仪器,并进行必要的养护和维修,确保顺利完成工作任务,并延长仪器的使用寿命。

第三节　分析条件的选择

在分析检测的实际工作中,选择适当的仪器测量条件、显色反应条件、参比溶液等,有利于提高分析的灵敏度和准确度。

一、仪器测量条件的选择

1. **检测波长**　因为物质对光具有选择性吸收,所以,测定时要根据吸收光谱曲线选择待测物质的最大吸收波长 λ_{max} 作为最佳工作波长,测定的灵敏度高,吸光系数变化小,偏离光的吸收定律的程度小。

2. **读数范围**　读数范围应控制在吸光度为 $0.3 \sim 0.7$ 之间为宜。为此,可以通过控制溶液浓度或吸收池厚度的方法来实现。

▶ **课堂活动**

如果试样溶液的浓度太低或太高,用 1cm 厚度的吸收池直接测定时,其吸光度不在 $0.3 \sim 0.7$ 范围之内,应该采取什么措施?

二、显色反应条件的选择

对在紫外-可见光区没有吸收的物质,可以利用某些化学反应,将待测组分定量转变为在紫外-可见光区有较强吸收的物质,从而进行测定。这种将无吸收的物质转变成为有吸收的物质的化学反应,称为显色反应。显色反应所用的化学试剂称为显色剂。

显色反应必须有确定的定量关系;选择性要好,干扰少;生成物的摩尔吸光系数足够大,稳定性足够大;显色剂最好对工作波长无吸收。

1. **显色剂用量**　为了使显色反应进行完全,需加入过量的显色剂,显色剂的用量需要通过实验进行确定。

2. **溶液酸度**　很多显色剂是有机弱酸或弱碱,因此,溶液的酸度会直接影响显色剂的存在形式和显色反应进行的程度。需要经过实验来确定适宜的酸度,并加入缓冲溶液保持溶液在一定 pH 下进行显色反应。

3. **显色时间**　由于各种显色反应的反应速度不同,所以完成反应所需要的时间会有较大差异。显色反应产物在放置过程中有可能会发生变化,因此,必须注意适宜的显色时间和测试时间。

4. **溶剂**　溶剂的性质可直接影响待测物质对光的吸收,相同的物质在不同的溶剂中可能会呈现不同的吸收性能;显色反应产物在不同的溶剂中会有不同的稳定性,等等。

三、参比溶液

在测定待测溶液的吸光度时,需要用参比溶液(又称为空白溶液)来消除溶液中其他成分的吸收所带来的误差,选择适宜的参比溶液对于提高准确度具有重要意义。

1. **溶剂参比溶液**　在测定波长下,溶液中只有被测组分对光有吸收,而显色剂或其他组分对光无吸收,或虽有少许吸收,但引起的测定误差在允许范围内,在此情况下可用溶剂作为参比溶液。

2. 试剂参比溶液　在相同条件下,不加试样溶液,依次加入各种试剂和溶剂所得到的溶液称为试剂参比溶液。适用于在测定条件下,显色剂或其他试剂、溶剂等对待测组分的测定有干扰的情况。

3. 试样参比溶液　与显色反应同样的条件取同量试样溶液,不加显色剂所制备的溶液称为试样参比溶液。适用于试样基体有色并在测定条件下有吸收,而显色剂溶液无干扰吸收,也不与试样基体显色的情况。

4. 平行操作参比溶液　将不含被测组分的试样,在相同条件下与被测试样同时进行处理,由此得到平行操作参比溶液。如在进行某种药物监测时,取正常人的血样与待测血药浓度的血样进行平行操作处理,前者得到的溶液即为平行操作参比溶液。

点滴积累 ∨

1. 选择待测物质的最大吸收波长 λ_{max} 作为最佳工作波长。 测定时,应控制读数范围为吸光度 0.3～0.7。
2. 注意控制显色反应条件,如显色剂用量、溶液酸度、显色时间、溶剂等。
3. 选择合适的参比溶液,如溶剂参比溶液、试剂参比溶液、试样参比溶液、平行操作参比溶液等。

第四节　紫外-可见分光光度法的应用

一、定性分析方法

(一) 定性鉴别

1. 比较吸收光谱的一致性　在相同条件下,分别测定供试品和对照品的吸收光谱,对比二者是否一致。当没有对照品时,可以将未知物的吸收光谱与《中国药典》或其他文献中收录的该物质的标准谱图进行严格对照比较。

如果供试品的吸收光谱与对照品的吸收光谱完全一致,诸如吸收光谱的形状、肩峰、吸收峰的数目、峰位和强度(吸光系数)等完全相同,则可以初步认为二者是同一化合物。

值得注意的是,只有在用其他分析方法进一步证实后,才能得出较为肯定的定性结论。因为主要官能团相同的物质,可能会产生非常相似的紫外-可见吸收光谱。所以,吸收光谱相同,不一定是同一种化合物。如果供试品的吸收光谱与对照品的吸收光谱有差异,则可以肯定二者不是同一种化合物。例如,醋酸泼尼松、醋酸可的松和醋酸氢化可的松三种药品的吸收光谱曲线仅有微小差别,尽管它们的最大吸收波长、摩尔吸光系数和百分吸光系数几乎完全相同,但却不是同一种物质。

2. 比较吸收光谱的特征数据　最大吸收波长 λ_{max} 对应的吸光系数 $E_{1cm}^{1\%}$ 是用于定性鉴别的主要光谱特征数据。在不同化合物的吸收光谱中,最大吸收波长 λ_{max} 可以相同,但因分子量不同,其百分吸光系数 $E_{1cm}^{1\%}$ 数值会有差别。例如,《中国药典》(2015 年版)规定:贝诺酯加无水乙醇制成浓度为

$7.5\mu g/ml$ 的溶液,在 240nm 处有最大吸收,相应的百分吸光系数($E_{1cm}^{1\%}$)应为 730~760。

有些化合物的吸收峰较多,而某些吸收峰对应的吸光度的比值是一定的,所以,可以通过比较吸光度的比值的一致性,作为定性鉴别的依据。例如,《中国药典》(2015 年版)规定:硝西泮的吸收光谱有三个吸收峰,分别在 220nm、260nm、310nm 波长处,260nm 与 310nm 波长处的吸光度的比值应为 1.45~1.65。维生素 B_{12} 也有三个吸收峰,分别在 278nm、361nm、550nm 波长处,361nm 与 278nm 波长处的吸光度的比值应为 1.70~1.88,361nm 与 550nm 波长处的吸光度的比值应为 3.15~3.45。

> **边学边练**
>
> 学会用紫外-可见分光光度法鉴别药物,操作过程请参见实验实训项目 3-1 紫外-可见分光光度法鉴别布洛芬。

(二) 杂质检查

紫外-可见分光光度法在药品杂质检查方面也有较为广泛的应用。利用试样与所含杂质在紫外-可见光区吸光性的差异,可以进行杂质检查或杂质限量检查。在进行杂质检查时,将供试品的吸收光谱与药品的标准吸收光谱相对照,如果杂质在药品无吸收的光区有吸收,或供试品吸收峰在药品的标准吸收光谱杂质吸收峰处有变化,则可判定供试品有杂质。可以利用杂质的特征吸收,很灵敏地检测出微量杂质(10^{-5}g)的存在(杂质检查)或控制主成分的纯度(杂质限量检查)。

例如,葡萄糖注射液是临床上最常用的药品之一。制剂时需要高温灭菌,葡萄糖会转化为 5-羟甲基糠醛而引入杂质。《中国药典》(2015 年版)规定:葡萄糖注射液在 284nm 波长处的吸光度不得过 0.32。因为葡萄糖在 284nm 波长处无吸收,而杂质 5-羟甲基糠醛在此波长处有最大吸收,所以,可以通过控制供试品溶液在 284nm 波长处的吸收度来控制杂质 5-羟甲基糠醛的含量。

> **边学边练**
>
> 学会用紫外-可见分光光度法进行杂质检查,操作过程请参见实验实训项目 3-2 紫外-可见分光光度法检测维生素 C 片的有色杂质。

二、定量分析方法

根据光的吸收定律,在一定条件下,试样溶液的吸光度与其浓度呈线性关系。因此,可以选择适当的入射波长进行定量分析。

(一) 单组分溶液的定量方法

1. 吸光系数法 又称绝对法,是直接利用光的吸收定律的数学表达式 $A = KcL$ 进行计算的定量方法。首先从手册中查出待测物质在最大吸收波长 λ_{max} 处的摩尔吸光系数 ε 或百分比吸光系数 $E_{1cm}^{1\%}$,然后在相同条件下测量试样溶液的吸光度 A,则其浓度为:

$$c = \frac{A}{\varepsilon L} \quad \text{或} \quad c = \frac{A}{E_{1cm}^{1\%} L} \qquad \text{式(3-8)}$$

有时也可以将供试品溶液的吸光度换算成试样组分的吸光系数,计算与标准品的吸光系数的比值,求出供试品中待测组分的含量。

$$含量=\frac{\varepsilon_{样}}{\varepsilon_{标}}\times100\% \quad 或 \quad 含量=\frac{E_{1cm样}^{1\%}}{E_{1cm标}^{1\%}}\times100\% \qquad 式(3-9)$$

例3-4　维生素 B_{12} 水溶液在 $\lambda_{max}=361nm$ 处的百分吸光系数 $E_{1cm}^{1\%}=207$。取维生素 B_{12} 供试品30.0mg,加纯化水溶解,用1L的容量瓶定容。将溶液盛于1cm的吸收池,测得361nm波长处的吸光度 $A=0.600$,试求供试品中维生素 B_{12} 的含量。

解:已知标准品 $E_{1cm}^{1\%}=207$, $c=\dfrac{30.0\times10^{-3}}{1000}\times100\%=0.00300\%$, $A=0.600$

求供试品中维生素 B_{12} 的含量。

根据光的吸收定律,换算得供试品的百分吸光系数为:

$$E_{1cm样}^{1\%}=\frac{A}{cL}=\frac{0.600}{0.00300\times1.00}=200$$

$$含量=\frac{E_{1cm样}^{1\%}}{E_{1cm标}^{1\%}}\times100\%=\frac{200}{207}\times100\%=96.6\%$$

答:供试品中维生素 B_{12} 的含量为96.6%。

┌边学边练─

　　学会用紫外-可见分光光度法进行含量测定,操作过程请参见实验实训项目3-3 维生素 B_{12} 的鉴别和含量测定。

---

2. 标准曲线法　用某一波长的单色光测定溶液的吸光度时,若固定吸收池厚度,则光的吸收定律表现为 $A=Kc$,在 $A\text{-}c$ 坐标系中,它是一条通过坐标原点的直线,称为标准曲线,也称为工作曲线或 $A\text{-}c$ 曲线。标准曲线法是紫外-可见分光光度法中最经典的定量方法,特别适合于大批量试样的定量测定。具体的测定步骤如下:

(1)　配制标准系列:用标准物质(高纯度的待测组分)配制一系列不同浓度的标准溶液。

(2)　测定标准系列的吸光度:选择适当的参比溶液,用最大吸收波长 λ_{max} 作为入射光,分别测定各标准溶液对应的吸光度。

(3)　绘制标准曲线:根据测定结果,以标准系列浓度 c 为横坐标,以各浓度对应的吸光度 A 为纵坐标,绘制标准曲线,如图3-8所示。

用现代紫外-可见分光光度计进行测定,仪器可以自动显示标准曲线。

(4)　确定供试品溶液浓度:按照相同的实验条件和操作程序,用供试品溶液配制试样溶液并测定其吸光度 $A_{样}$,在标准曲

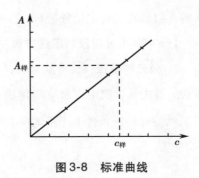

图3-8　标准曲线

线上找到与之对应的浓度 $c_{样}$，即为供试品溶液的浓度，如图 3-8 所示。

根据对供试品溶液的稀释情况，可计算出供试品溶液的浓度 $c_{原样}$ 为：

$$c_{原样} = c_{样} \times 稀释倍数 \qquad 式(3-10)$$

如果需要测定其他同试样时，则只重复最后一步操作即能完成工作任务。

3. 标准对比法 也称对照品比较法，配制浓度为 c_s 的标准溶液和浓度为 c_x 的试样溶液，以最大吸收波长 $\lambda_{\max}$ 为入射光，在相同的条件下分别测定二者的吸光度 A_s 和 A_x，依据光的吸收定律得：

$$A_s = \varepsilon c_s L \quad 或 \quad A_s = E_{1cm}^{1\%} c_s L \qquad 式(3-11)$$

$$A_x = \varepsilon c_x L \quad 或 \quad A_x = E_{1cm}^{1\%} c_x L \qquad 式(3-12)$$

由于标准溶液与试样溶液中的吸光性物质是同一化合物，且测定条件相同，故吸光系数 ε 或 $E_{1cm}^{1\%}$ 以及液层厚度 L 的数值相等，由式(3-11)和式(3-12)得：

$$\frac{A_s}{A_x} = \frac{c_s}{c_x}$$

$$\therefore \quad c_x = \frac{A_x c_s}{A_s} \qquad 式(3-13)$$

根据式(3-10)可以计算出原供试品溶液的浓度 c_x。

若测定供试品中待测组分的百分含量(质量分数)，可同时配制质量浓度相同的供试品溶液 $c_{样}$ 和标准品溶液 $c_{标}$，即 $c_{样} = c_{标}$。因为供试品中待测组分和标准品是同一物质，故在相同条件下，二者的吸光系数相同。以最大吸收波长 $\lambda_{\max}$ 为入射光，分别测定供试品溶液和标准品溶液的吸光度 $A_{样}$ 和 $A_{标}$，设 $c_{纯}$ 为供试品溶液中待测组分的浓度，则：

$$c_{纯} = \frac{A_{样}}{A_{标}} \times c_{标} \qquad 式(3-14)$$

所以，供试品中待测组分的百分含量为：

$$百分含量 = \frac{c_{纯}}{c_{样}} \times 100\% = \frac{c_{标}\frac{A_{样}}{A_{标}}}{c_{样}} \times 100\% = \frac{A_{样}}{A_{标}} \times 100\% \qquad 式(3-15)$$

例 3-5 分别取 $KMnO_4$ 试样与标准品 $KMnO_4$ 各 0.1000g，分别用 1000ml 容量瓶定容。各取 10.00ml 稀释至 50.00ml，选定 $\lambda_{\max} = 525nm$，以纯化水作参比溶液，测得 $A_{样} = 0.220$、$A_{标} = 0.260$，试求 $KMnO_4$ 试样中纯 $KMnO_4$ 的百分含量。

解：已知 $c_{样} = c_{标} = 0.1000 \times \dfrac{10.00}{50.00} = 0.02000(g/L)$

$A_{样} = 0.220$，$A_{标} = 0.260$，求 $KMnO_4$ 试样中纯 $KMnO_4$ 的含量 $=?$

根据式(3-15)得

$$百分含量 = \frac{A_{样}}{A_{标}} \times 100\% = \frac{0.220}{0.260} \times 100\% = 84.62\%$$

答：$KMnO_4$ 试样中纯 $KMnO_4$ 的质量分数为 84.62%。

（二）二元组分溶液的定量方法

1. 联立方程组法　如果试样溶液中各待测组分相互干扰不太严重时，可根据吸光度具有加和性的原理，在同一试样溶液中同时测定两个或两个以上的待测组分。假设要测定试样中有两个待测组分 a 和 b，则可以分别绘制 a、b 两个纯物质的吸收光谱，则有三种情况，如图 3-9 所示。

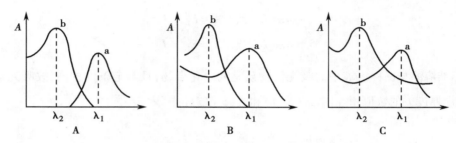

图 3-9　二元组分溶液的吸收光谱示意图

图 3-9A 表明，在两个待测组分各自的最大吸收波长处，另一组分没有吸收，这种情况可以用测定单组分溶液的方法，在 λ_1 波长处测定组分 a，在 λ_2 波长处测定组分 b，测定时互不干扰。

图 3-9B 表明，在待测组分 a 的最大吸收波长 λ_1 处，待测组分 b 无吸收，即组分 b 对组分 a 的测定无干扰，而在待测组分 b 的最大吸收波长 λ_2 处，组分 a 有吸收，即组分 a 对组分 b 的测定有干扰。

这种情况下，首先在波长 λ_1 处用测定单组分溶液的方法，单独测量组分 a；然后在波长 λ_2 处测量溶液的总吸光度 A_2^{a+b} 及 a、b 纯物质的 ε_2^a 和 ε_2^b 值，根据吸光度的加和性，即得：

$$A_2^{a+b} = A_2^a + A_2^b = \varepsilon_2^a Lc_a + \varepsilon_2^b Lc_b \qquad\qquad 式（3-16）$$

测定时用 1cm 的比色皿，即 $L=1$，c_a 已经测定，据式 3-16 可以求出 c_b。

图 3-9C 表明，两个待测组分彼此相互干扰，这种情况下，在波长 λ_1 和 λ_2 处分别测定试样溶液的总吸光度 A_1^{a+b} 及 A_2^{a+b}，同时测定 a、b 纯物质的 ε_1^a、ε_1^b 及 ε_2^a、ε_2^b，根据吸光度的加和性，可以列出下列联立方程组

$$A_1^{a+b} = \varepsilon_1^a Lc_a + \varepsilon_1^b Lc_b \qquad\qquad 式（3-17）$$

$$A_2^{a+b} = \varepsilon_2^a Lc_a + \varepsilon_2^b Lc_b \qquad\qquad 式（3-18）$$

测定时用 1cm 的比色皿，即 $L=1$，联立式（3-17）和式（3-18），从而可以求得 c_a、c_b。

知识链接

联立方程组法的应用及局限性

从理论上讲，如果试样溶液含有 n 个待测组分，且相互干扰，则可以在各待测组分的最大吸收波长处测定其对应的摩尔吸光系数，以及各 n 个波长处试样溶液吸光度的加和值，依据光的吸收定律列出对应的关系式，然后，解 n 元一次方程组，进而求出各组分的浓度。但在实际测定时，试样中的组分越多，测定结果的误差就越大，因此，测定之前应进行必要的前处理或分离。

2. 等吸收波长消去法 也称为双波长分光光度法。试样溶液中含有两个待测组分 a 和 b,且相互干扰比较严重时,用解联立方程组的方法进行定量分析会产生较大的误差,这时可以用等吸收波长消去法进行测定。

若要测定组分 b,另一个待测组分 a 有严重干扰,应设法消除组分 a 的吸收干扰。首先选择待测组分 b 的最大吸收波长 λ_2 作为测量波长,然后用作图的方法选择参比波长 λ_1,使待测组分 a 在 λ_2 和 λ_1 两个波长处的吸光度相等,即 $A_1^a = A_2^a$,且使待测组分 b 在这两个波长处的吸光度尽可能有比较大的差别,如图 3-10A 所示。

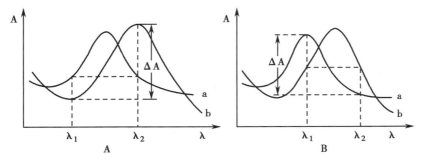

图 3-10 等吸收波长消去法示意图

根据吸光度的加和性,试样溶液在 λ_2 和 λ_1 波长处的吸光度分别为:

$$A_2^{a+b} = A_2^a + A_2^b \qquad \text{式(3-19)}$$

$$A_1^{a+b} = A_1^a + A_1^b \qquad \text{式(3-20)}$$

由于组分 a 在 λ_2 和 λ_1 两个波长处的吸光度相等,故根据光的吸收定律可得:

$$\Delta A = A_2^{a+b} - A_1^{a+b} = \left(\varepsilon_2^b - \varepsilon_1^b \right) L c_b \qquad \text{式(3-21)}$$

式(3-21)是试样溶液在 λ_2 和 λ_1 两个波长处的吸光度之差。若固定吸收池厚度 L,则吸光度之差只与待测组分 b 的浓度成正比,而与待测组分 a 的浓度无关。

双波长分光光度计的输出信号是 ΔA,只与待测组分 b 的浓度呈正比,而与干扰组分 a 无关,即消除了待测组分 a 的干扰,根据式(3-18)可以求得待测组分 b 的浓度。

同理,若要测定待测组分 a,而待测组分 b 有严重干扰时,如图 3-10B 所示,可用上述类似的方法,选择待测组分 a 的最大吸收波长 λ_1 作为测量波长,用作图的方法选择参比波长 λ_2,使待测组分 b 在这两个波长处的吸光度相等,用双波长分光光度计测定试样溶液在 λ_1 和 λ_2 波长处的吸光度之差,从而求得待测组分 a 的浓度。

3. 差示分光光度法 当待测组分浓度过高时,吸光度超出了准确测量的读数范围,会造成较大的误差,可以采用差示分光光度法克服这一缺点。差示分光光度法是用一个比试样溶液浓度稍低的标准溶液作参比溶液,将分光光度计调零(透光率 100%),测得的吸光度就是待测溶液与参比溶液的吸光度差值(相对吸光度)。根据光的吸收定律得:

$$\Delta A = A_x - A_s = \varepsilon L \left(c_x - c_s \right) \qquad \text{式(3-22)}$$

式（3-22）表明，固定吸收池厚度 L 时，待测溶液与参比溶液的吸光度差值与两溶液的浓度之差成正比，从而求得待测溶液的浓度。

三、应用与实例分析

紫外-可见分光光度法是当前使用最多、覆盖应用面最广的仪器分析法之一，它的应用领域涉及制药、医疗卫生、化学化工、环保、地质、食品、生物等领域中的科研、教学、生产中质量控制、原材料和产品检验等各个方面，用来进行定性鉴别、纯度检查、定量分析、结构分析、络合物组成及稳定常数的测定、反应动力学研究等。

实 例 分 析

实例一 紫外-可见分光光度法鉴别维生素 K_1。《中国药典》（2015 年版）具体操作步骤如下：

1. 制备供试品溶液 取维生素 K_1 供试品适量，加三甲基戊烷溶解并稀释制成浓度为 $10\mu g/ml$ 的溶液。

2. 测定供试品溶液的吸收光谱 取 1cm 比色杯 2 只，分别装入三甲基戊烷（作空白溶液）和供试品溶液，按照紫外-可见分光光度计操作规程，扫描 $200\sim300nm$ 的波长范围，测定供试品溶液的吸收光谱。

3. 定性鉴别 查看吸收光谱中的最大吸收波长 λ_{max} 和最小吸收波长 λ_{max}，计算 254nm 波长处的吸光度 A_{254} 与 249nm 波长处的吸光度 A_{249} 的比值，其结果满足表 3-2 者为真维生素 K_1 品，否则为伪品。

表 3-2 维生素 K_1 紫外光谱的特征吸收

$\lambda_{max}(nm)$	243	249	261	270
$\lambda_{min}(nm)$	228	246	254	266
A_{254}/A_{249}	0.70~0.75			

实例二 紫外-可见分光光度法检测乳糖中的杂质限量。

乳糖是常见的药用辅料，用作填充剂和矫味剂等。《中国药典》（2015 年版）规定检查其杂质吸光度的具体操作步骤如下：

1. 制备供试品溶液 取乳糖供试品适量，精密称定，加温水溶解，冷却至室温，定量稀释并制成浓度为 100mg/ml 的溶液。

2. 测定供试品溶液的吸光度 按照紫外-可见分光光度计操作规程，用 1cm 比色杯，以纯化水为空白溶液，以波长为 400nm 的辐射作为入射光，测定吸光度，其数值不超过 0.04 者为合格品，否则不合格。

3. 测定供试品稀释溶液的吸光度 将浓度为 100mg/ml 的乳糖供试品溶液准确稀释 10 倍，按照紫外-可见分光光度计操作规程，用 1cm 比色杯，以纯化水为空白溶液，扫描 $200\sim310nm$ 的波长范围,测定供试品稀释溶液的吸收光谱。查看吸收光谱,合格品在 210~220nm 的波长范围内的吸光度不得超过 0.25,在 270~300nm 的波长范围内的吸光度不得超过 0.07,否则不合格。

实例三　紫外-可见分光光度法测定左旋多巴片的含量。

左旋多巴为拟多巴胺类抗帕金森病药,《中国药典》(2015 年版)采用吸光系数法测定其含量,具体操作步骤如下:

1. **制备供试品溶液**　取左旋多巴供试品 10 片,精密称定,研细,精密称取片粉适量(约相当于左旋多巴 30mg),置于 100ml 量瓶中,加盐酸溶液(9→1000)适量,振摇使左旋多巴溶解,用盐酸溶液(9→1000)定容 100ml,摇匀,滤过。精密量取续滤液 10ml,再用盐酸溶液(9→1000)定容 100ml,即得左旋多巴供试品溶液。

2. **测定供试品溶液的吸光度**　按照紫外-可见分光光度计操作规程,用 1cm 比色杯,以盐酸溶液(9→1000)为空白溶液,在 280nm 波长处测定吸光度 $A_{供}$。

3. **计算供试品溶液的浓度及供试品的含量**　在 280nm 波长处,左旋多巴($C_9H_{11}NO_4$)的吸收系数($E_{1cm}^{1\%}$)为 141,根据光的吸收定律,计算左旋多巴供试品溶液的浓度为:

$$c_{供} = \frac{A_{供}}{E_{1cm}^{1\%}L} = \frac{A_{供}}{141}$$

根据测定过程,可以计算出左旋多巴片供试品的含量为:

$$含量\% = \frac{A_{供} \times 10 \times 平均片重}{141 \times 取样量 \times 标示量} \times 100\%$$

测定的含量为 93.0%~107.0% 时符合要求。

点滴积累 ▽ ∙∙

1. 紫外-可见分光光度法常用的定性分析方法　比较吸收光谱的一致性、比较吸收光谱的特征数据。

2. 根据试样与所含杂质在紫外-可见光区吸光性的差异,可以用紫外-可见分光光度法进行杂质检查或杂质限量检查。

3. 紫外-可见分光光度法常用的定量分析方法　单组分定量分析方法有吸光系数法、标准曲线法和标准对比法。多组分定量分析方法有联立方程组法、等吸收波长消去法和差示分光光度法。

复习导图

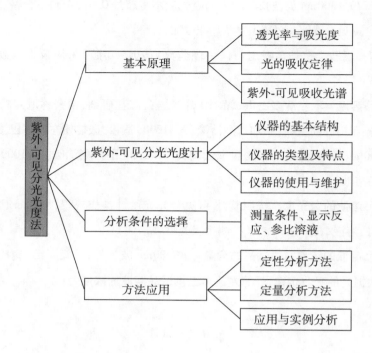

目标检测

一、填空题

1. 可见光的波长范围为_____,近紫外分光的波长范围为_____。

2. 光的吸收定律的数学表达式为_____,K 称为_____。

3. 吸收光谱是以_____为横坐标,以_____为纵坐标而绘制的曲线。

4. 吸收曲线上吸收峰最高处所对应的波长为_____,用_____表示。

5. 在波长一定时,溶液浓度为 1mol/L,液层厚度为 1cm 时的吸光度称为_____,其值愈大,表明相同浓度的溶液对某一波长的入射光吸收愈容易,测定的灵敏度_____。

6. 当一束平行单色光通过均匀、无散射的含有吸光性物质的溶液时,在入射光的波长、强度及溶液的温度等条件不变的情况下,该溶液的吸光度与吸光物质的_____及_____的乘积成正比。

7. 紫外-可见分光光度法进行定量分析时,常选用_____作入射光,此时测定的_____最高,且吸光系数变化不大。

8. 在一定条件下,以溶液浓度为横坐标,以其对应的吸光度为纵坐标所绘制的曲线叫_____。测定条件合适时,该曲线是一条_____。

9. 光的吸收定律只有在入射光为_____、浓度较_____时才适用。

10. 为提高测定的准确度,溶液的吸光度读数范围应调节在 0.2～0.7 为宜,可通过调节溶液的_____和_____来实现。

11. 当空白溶液置入光路时,应使 $T = $_____,此时 $A = $_____。

12. 有色溶液的液层厚度越大,则透光率_____,而吸光度_____。

13. 紫外-可见分光光度计中常用的色散元件有_____和_____。

14. 紫外-可见分光光度法对单一组分定量分析的常用方法有(任意列出两种)_____,_____。

15. 将符合光的吸收定律的有色溶液进行稀释时,其浓度会减小,其最大吸收峰波长的位置将_____,其摩尔吸光系数将_____。

二、判断题

(　　)1. 在紫外-可见分光光度法中,A 与 T 的关系为 $A = \lg T$。

(　　)2. 某单色光照射某溶液时,若 $T = 100\%$,说明该溶液对此光无吸收。

(　　)3. 符合朗伯-比尔定律的某溶液,其浓度越大,透光率越大。

(　　)4. 如果吸收池的厚度增加 1 倍,则溶液的吸光度将减少 50%。

(　　)5. 吸光系数与入射光波长、溶剂及溶液温度有关。

(　　)6. 在一定条件下,ε 和 λ_{max} 只与物质的结构有关,是物质的特征常数。

(　　)7. 吸收曲线的基本形状与溶液浓度无关。

(　　)8. 吸光系数愈大,则溶液对入射光愈易吸收,测定的灵敏度愈低。

(　　)9. 通常情况下,ε 值在 10^3 以上即可用于分光光度法定量测定。

(　　)10. 摩尔吸光系数与溶液浓度、液层厚度无关,而与入射光波长、溶剂性质和温度有关。

三、简答题

1. 什么是光的吸收定律?

2. 简述吸光系数及其物理意义。

3. 简述紫外可-见分光光度计的主要部件及其作用。

4. 测定试样溶液时,吸光度的读数不在 0.2～0.7 范围内怎么办?

5. 紫外-可见分光光度法有哪些定量分析方法?

6. 紫外-可见分光光度法在药品检验中有哪些方面的应用?

四、计算题

1. 将已知浓度为 2.00mg/L 的蛋白质标准溶液用碱性硫酸铜溶液显色后,在 540nm 波长下测得其吸光度为 0.300。另取蛋白质试样溶液同样处理后,在同样条件下测得其吸光度为 0.699,求试样中蛋白质浓度。测定吸光度时应选用何种光源?

2. 将含有 0.100mg Fe^{3+} 离子的酸性溶液用 KSCN 显色后稀释至 500ml,在波长为 480nm 处用 1cm 比色皿测得吸光度为 0.240。计算摩尔吸收系数及百分吸收系数(Fe 的原子量为 56.85)。

3. 将精制的纯品氯霉素(相对分子质量为 323.15)配成 0.0200g/L 的溶液,用 1cm 的吸收池,在 λ_{max} 为 278nm 下测得溶液的透光度为 24.3%,试求氯霉素的摩尔吸光系数 ε。

4. 维生素 D_2 的摩尔吸光系数 $\varepsilon_{264\,nm} = 18200$,如果测定时用 2.0cm 比色皿,要想控制吸光 A 在 0.187～0.699 范围内,则应使维生素 D_2 溶液的浓度在什么范围内?

5. 利用分光光度法测定血清中镁的含量。取浓度为 10.0mmol/L 的镁标准溶液 10.0μl 置于容量瓶中,加 3.00ml 显色剂进行显色后,稀释至刻度,摇匀,测得吸光度为 0.32;另取待测血清 50.0μl 置于另一相同规格的容量瓶中,加 3.00ml 显色剂进行显色后,稀释至刻度,摇匀,测得吸光度为 0.47,试计算血清中镁的含量。

ER-03章习题

拓展资源

紫外-可见分光光度法在定性分析和结构分析中的应用

紫外-可见分光光度法可用于未知化合物的定性分析和结构分析。 有机化合物的紫外-可见吸收光谱,是由于分子的官能团选择性吸收电磁辐射而发生外层电子能级跃迁而产生的,属于电子光谱。 因此,谱图比较简单,特征性不强。 主要官能团相同的化合物,往往会产生非常相似、甚至雷同的吸收光谱。 所以,不能单凭紫外-可见吸收光谱的形状和特征数据断定未知化合物的结构,只有得到红外光谱、核磁共振谱和质谱等相互印证后,才能得出正确的结论。

(闫冬良)

第四章

红外分光光度法

导学情景 ╲╱

情景描述

　　1945 年夏，美军登陆进攻冲绳岛，隐藏在岩洞坑道里的日军利用复杂地形，夜晚出来偷袭美军。于是美军将一批刚刚制造出来的红外夜视仪紧急运往冲绳，把安装有红外夜视仪的枪炮架在岩洞附近，当日军趁黑夜刚爬出洞口，立即被一阵准确的枪炮击倒。洞内的日军不明其因，继续往外冲，又糊里糊涂送了命。红外夜视仪初上战场，就为美军登陆冲绳岛发挥了重要作用。

学前导语

　　这就是人们对红外光的较早应用。夜间可见光很微弱，但人眼看不见的红外线却很丰富。红外线（Infrared）是波长介于微波与可见光之间的电磁波，波长在 760nm ~1mm 之间，是比红光长的非可见光。高于绝对零度（–273.15℃）的物质都可以产生红外线。现代物理学称之为热射线。红外线可含热能，太阳的热量主要通过红外线传到地球。本章将介绍如何利用红外光谱对化合物进行分析。

第一节　红外分光光度法的基本原理

一、概述

　　1800 年，英国天文学家 Hershl 用温度计测量太阳光可见区内外的温度时，发现红色光区以外的温度比可见光区高，第一次认识到红外光区的存在。

　　红外光发现以后，逐步应用到各个方面，如红外检测、红外瞄准、红外理疗等。在化学领域，研究红外吸收与分子结构的关系。1892 年发现，凡是含有甲基的物质都会强烈地吸收波长 3.4 μm 的红外光，从而推断凡是在该波长处产生强烈吸收的分子都含有甲基。1905 年前后，已系统研究了数百种化合物的红外吸收光谱，并总结了一些物质分子基团与其红外吸收带之间的关系。

　　红外光谱（infrared spectroscopy，IR），由分子振动、转动能级的跃迁所引起，故又称分子振-转光谱。有机物以及部分无机物分子中各种基团，例如 $C=C$、$N=C$、$O=C$、$O=H$、$N=H$ 的运动（伸缩、弯曲等）都有它固定的振动频率。当分子受到红外线照射时，被激发产生共振，光的能量一部分被吸收，测量其吸收光，可以得到相应的图谱，这种图谱表现了被测物质的特征。不同物质在红外区域都有不同的吸收光谱和特定的吸收特征，这为红外光谱定性定量分析提供了基础。

　　1. 红外光谱图　红外光谱图常以波数（单位 cm^{-1}）为横坐标，以百分透过率（$T\%$）为纵为坐标，见图 4-1。

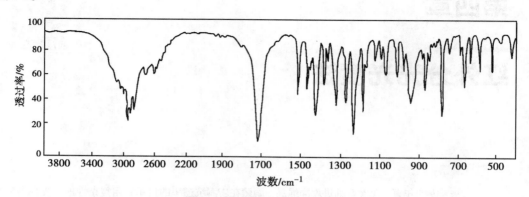

图 4-1　布洛芬的红外光谱图

2. 红外光谱区　红外光谱区的波数是从 13 200cm^{-1} 到 10cm^{-1}，波长是从可见光的长波端（0.76 μm）到 10^3 μm，通常将红外波谱区分为近红外，中红外和远红外，其范围如表 4-1：

表 4-1　红外光谱的波长范围

区域	波长（μm）	波数（cm^{-1}）
近红外	0.76~2.5	13 200~4000
中红外	2.5~50	4000~200
远红外	50~1000	200~10

中红外区是有机化合物吸收的最重要范围，常用红外波谱仪波数范围为 4000~400cm^{-1}。按吸收峰的来源，可以将 4000~400cm^{-1} 的红外光谱图大体上分为特征频率区（4000~1300cm^{-1}）和指纹区（1300~400cm^{-1}）两个区域。

其中特征频率区中的吸收峰由基团的伸缩振动产生，具有很强的特征性，主要用于鉴定官能团。如羰基，不论是在酮、酸、酯或酰胺等类化合物中，其伸缩振动总是在 1700cm^{-1} 左右出现一个强吸收峰，如图 4-1 谱图中 1700cm^{-1} 左右有一个强吸收峰，则大致可以断定分子中有羰基。

指纹区主要是由一些单键 C—O、C—N 和 C—X（卤素原子）等的伸缩振动及 C—H、O—H 等含氢基团的弯曲振动以及 C—C 骨架振动产生。当分子结构稍有不同时，该区的吸收就有细微的差异，就像每个人都有不同的指纹一样，称为指纹区。指纹区对于区别结构类似的化合物很有帮助。

除光学异构体及长链烷烃同系物外，几乎没有两种化合物具有相同的红外吸收光潜，因此，红外分光光度法最广泛地用于有机化合物的结构测定和鉴定。

知识链接

齐二药事件

2006 年，齐齐哈尔第二制药厂生产的假药亮菌甲素注射液，造成多人死亡，最后查明该厂用二甘醇（有毒）代替了丙二醇（注射液的辅料）。调查结果显示，该厂在对药品的原料、成品等检验环节存在较大漏洞。在药品成品前的诸多检验项目中，"鉴别"环节最为重要，它要求丙二醇的红外光吸收图谱应与《药品红外光谱集》中图谱或对照品图谱一致。而通过对齐齐哈尔第二制药有限公司化验员的讯问，检验人员没有红外光谱的相关知识，无法完成相关的实验。

红外分光光度法应用广泛,具有以下优点:①对样品无破坏。②样品形态不限,气态、液态、固态样品均可测定。③信息量丰富,每种化合物都有红外吸收,从红外光谱可以得到大量信息。官能团区的吸收反映了化合物中官能团的特征,而指纹区的吸收对于确认分子结构提供了可靠依据。④样品用量较少。⑤仪器比较便宜(与核磁等相比)。⑥有大量数据及标准谱图库可检索参考。

点滴积累 ∨

1. 红外吸收光谱　由分子振动、转动能级的跃迁所引起的,故又称分子的振-转光谱。
2. 中红外区　有机化合物吸收的最重要范围,常用红外光谱仪波数范围为4000～400cm^{-1}。
3. 红外光谱图大体分为特征频率区(4000～1300cm^{-1})以及指纹区(1300～400cm^{-1})两个区域。

二、红外光谱产生的条件

当外部电磁波照射分子时,如照射的电磁波的能量与分子中基团振动的能级差相等,该频率的电磁波就被该分子吸收,从而引起分子对应能级的跃迁,宏观表现为透射光强度变小。电磁波能量与分子两能级差相等为物质产生红外吸收光谱必须满足的第一个条件,这决定了吸收峰出现的位置。

红外吸收光谱产生的第二个条件是红外光与分子之间有偶合作用,分子振动时偶极矩必须发生变化。这可以保证红外光的能量能传递给分子,这种能量的传递是通过分子振动偶极矩的变化来实现的。并非所有的振动都会产生红外吸收,只有偶极矩发生变化的振动才能引起可观测的红外吸收,这种振动称为红外活性振动;偶极矩等于零的分子振动不能产生红外吸收,称为红外非活性振动。

三、分子的振动形式与红外吸收光谱

红外吸收光谱图中吸收峰的位置取决于分子中原子的振动方式和振动频率等因素,而吸收峰的强弱取决于分子的振动类型、电荷分布及偶极矩变化等因素。

（一）分子的振动形式

1. 伸缩振动　用"ν"表示,指成键原子沿着键轴的伸长或缩短运动(键长发生改变,键角不变)。当两个化学键同时向外或向内伸缩振动为对称伸缩振动(ν^s);若一个向外伸展,另一个向内收缩为不(反)对称伸缩振动(ν^{as}),见图4-2。

2. 弯曲振动　用"δ"表示,是引起键角改变的振动,分为面内弯曲(用"β"表示)和面外弯曲(用"γ"表示)。面内弯曲中,向内弯曲的振动为剪式振动;同时向左或向右弯曲振动为平面摇摆振动。面外弯曲分为面外摇摆和面外扭曲,见图4-3(符号"+""-"分别表示原子作垂直纸面向

对称伸缩振动　　　　不对称伸缩振动

图4-2　分子的伸缩振动

上、向下的运动）。

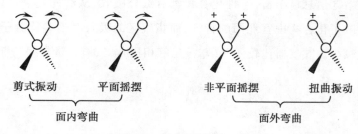

面内弯曲　　　　　　　　　　　面外弯曲

图4-3　分子的弯曲振动

（二）分子的振动自由度

多原子分子由于原子数目增多,组成分子的键或基团和空间结构不同,其振动光谱比双原子分子要复杂。但是可以把它们的振动分解成许多简单的基本振动,即简正振动。

简正振动的振动状态是分子质心保持不变,整体不转动,每个原子都在其平衡位置附近做简谐振动,其振动频率和相位都相同,即每个原子都在同一瞬间通过其平衡位置,而且同时达到其最大位移值。

简正振动的数目称为振动自由度,每个振动自由度相当于红外光谱图上一个基频吸收带。设分子由 n 个原子组成,每个原子在空间都有 3 个自由度,原子在空间的位置可以用直角坐标中的 3 个坐标 x、y、z 表示,因此,n 个原子组成的分子总共应有 $3n$ 个自由度,即 $3n$ 种运动状态。包括 3 个整个分子的质心沿 x、y、z 方向平移运动和 3 个整个分子绕 x、y、z 轴的转动运动。这 6 种运动都不是分子振动,因此,振动形式应有 $(3n-6)$ 种。但对于直线型分子,若贯穿所有原子的轴是在 x 方向,则整个分子只能绕 y、z 轴转动,因此,直线型分子的振动形式为 $(3n-5)$ 种。

每种简正振动都有其特定的振动频率,似乎都应有相应的红外吸收带。实际上,绝大多数化合物在红外光谱图上出现的峰数远小于理论上计算的振动数,原因如下:①没有偶极矩变化的振动,不产生红外吸收;②相同频率的振动吸收重叠,即简并;③仪器不能区别那些频率十分接近的振动,或吸收带很弱,仪器检测不出。

（三）红外吸收峰的强弱

分子振动时偶极矩变化越大,吸收谱带（吸收峰）则越强。一般分子、基团、化学键的极性越大,分子振动时偶极矩变化越大,吸收谱带就越强;分子结构对称性越强,分子振动时偶极矩变化越小,谱带强度越弱。

红外光谱图吸收峰的强度可根据摩尔吸收系数 ε 的大小划分强弱等级。常用很强（vs,$\varepsilon>100$）、强（s,$20<\varepsilon<100$）、中强（m,$10<\varepsilon<20$）、弱（w,$1<\varepsilon<10$）和很弱（vw,$\varepsilon<1$）等表示。

在红外光谱图中,一般羰基（1700cm^{-1}左右）、N—H、O—H（3500cm^{-1}左右）的伸缩振动是比较强的吸收峰,有利于判断分子中的基本基团,芳环的骨架 C—H 伸缩振动为中等强度（1600~1400cm^{-1}有 2~4 个峰）,可以判断芳环的存在,芳环的 C—H 弯曲振动也很强,有利于判断含芳环分子中的取代形式,具体吸收峰的强弱请参考表4-2。

表4-2　红外特征吸收峰

区段	波数（cm⁻¹）	基团及振动类型	振动的强弱
1	3750～3000	υOH、υNH	s
2	3300～3000	$\upsilon\equiv C\!-\!H$、$\upsilon=C\!-\!H$、$\upsilon Ar\!-\!H$	w,s
3	3000～2700	υCH（CH3、CH2、CH、CHO）	m
4	2400～2100	$\upsilon C\equiv C$、$\upsilon C\equiv N$	s
5	1900～1630	$\upsilon C=O$（酮、醛、酯等）	vs
6	1675～1500	$\upsilon C=C$、$\upsilon C=N$	m
7	1475～1300	βCH、βOH	m
8	1300～1000	$\upsilon C\!-\!O$（酚、醇、醚、酯、酸等）	s
9	1000～650	$\gamma=C\!-\!H$、$\gamma Ar\!-\!H$	vs,s

注:振动形式:s,对称伸缩;as,反对称伸缩。强度:vs,很强;s,强;m,中等;w,弱

点滴积累 ∨

1. 一般化合物的振动形式应有（$3n$-6）种，直线型分子的振动形式为（$3n$-5）种（n 是化合物中原子的个数）。

2. 分子的振动包括伸缩振动（对称伸缩、反对称伸缩）和弯曲振动（面内弯曲：剪式振动、平面摇摆；面外弯曲：面外摇摆、面外扭曲）。

3. 红外光谱产生的条件：一是光辐射的能量恰好能满足物质分子振动跃迁所需的能量；二是光辐射与物质之间能产生偶合作用，即物质分子在振动周期内能发生偶极矩的变化。

第二节　基团频率与特征吸收

一、基团频率与特征吸收峰

1. 基团频率　分子的振动一般用量子力学来说明，为便于理解，也可用经典力学来解释。用不同质量的小球代表原子，以不同硬度的弹簧代表各种化学键，见图4-4。

双原子分子伸缩振动示意图

图4-4　分子伸缩振动示意图

在室温下，大部分分子处于零能级。对简单的双原子分子，假设为理想的谐振子时，其振动能量 E 为：

$$E=h\upsilon(V+1/2)\qquad\text{式（4-1）}$$

式（4-1）中 h 为普朗克常数，υ 为电磁波的频率，$V=0,1,2,\cdots\cdots$，称为振动量子数。

分子的基频振动频率也称吸收频率，可由下式计算：

$$\upsilon=\frac{1}{2\pi}\sqrt{\frac{K}{m_r}}\qquad\text{式（4-2）}$$

式（4-2）中 K 为键力常数；m_r 为折合质量：$m_r=(m_1\times m_2)/(m_1+m_2)$，$m_1$ 和 m_2 分别为构成化学键

的两个原子的质量。

吸收频率也可用波数(σ)表示,见式(4-3)。波数(σ,cm^{-1})为波长(λ,nm)的倒数,即$\sigma=1/\lambda$,$\lambda=c/\upsilon$,则:

$$\sigma_m = (1/2\pi c)\sqrt{K/m_r} \qquad\qquad 式(4-3)$$

从上述公式可以看出,吸收频率随键的强度的增加而增加,键力常数越大键越强,键振动所需要的能量就越大,振动频率就越高,吸收峰将出现在高波数区;相反,吸收峰则出现在低波数区。常见基团的振动频率如图4-5所示。

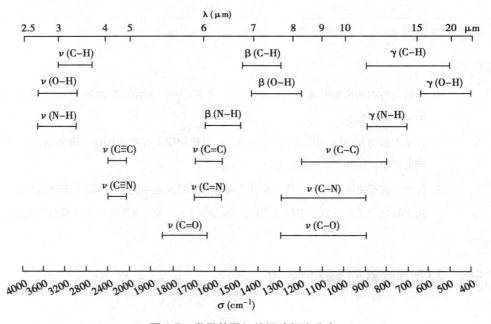

图4-5 常见基团红外振动频率分布

2. 特征吸收峰 通常将能鉴别官能团存在并有较高强度的吸收峰称为特征峰,其相应的频率称为特征频率或基团频率。化合物特征吸收峰分为四个区:4000～3000cm^{-1}为C—H(不饱和)、O—H、N—H伸缩振动区;3000～2500cm^{-1}为C—H(饱和)、S—H及C—H(醛基)伸缩振动区;2500～1900cm^{-1}为三键(氰基、炔基)、累积双键伸缩振动区;1900～1300cm^{-1}为双键伸缩振动区,包括羰基、烯基及苯环的骨架振动等。表4-2是化合物官能团的吸收频率表。

二、影响基团频率的因素

在一个分子中,基团与基团之间、化学键之间都会相互影响,因此,振动频率不仅取决于化学键的键力常数和原子质量,还与内部结构和外部因素有关。

(一) 内部因素

分子结构的变化会引起官能团红外吸收峰频率的变化,大致可以分为下面几种。

1. 电子效应 包括诱导效应和共轭效应。诱导效应是由于取代基电负性不同,引起分子中电子云变化,从而使基团频率发生位移。吸电子基使吸收峰向高波数区域移动(双键力常数略有变

大),供电子基使吸收峰向低波数区域移动(双键力常数略有变小)。例如:

$$CH_3\!-\!\overset{\displaystyle O}{\overset{\|}{C}}\!-\!H$$，羰基的吸收为 $1730cm^{-1}$

$$CH_3\!-\!\overset{\displaystyle O}{\overset{\|}{C}}\!-\!CH_3$$，羰基的吸收为 $1715cm^{-1}$，甲基为供电子基。

$$CH_3\!-\!\overset{\displaystyle O}{\overset{\|}{C}}\!-\!Cl$$，羰基的吸收为 $1780cm^{-1}$，氯为吸电子基。

共轭体系具有共平面的性质,使电子云密度平均化,导致双键略有增长,力常数变小,双键吸收频率移向低波数。例如,液体丙酮羰基吸收峰为 $1718cm^{-1}$，而苯乙酮$\left(CH_3\!-\!\overset{\displaystyle O}{\overset{\|}{C}}\!-\!\bigcirc\right)$羰基吸收峰为 $1685cm^{-1}$，是因为苯环与羰基产生共轭效应。

2. 氢键效应　分子间氢键或分子内氢键的形成,都使参与形成氢键的原化学键的键力常数降低,吸收频率向低频方向移动,且谱带变宽。例如,伯醇-OH 的伸缩振动吸收频率,在气体时为 $3640cm^{-1}$，二聚体为 $3550\sim3450cm^{-1}$，多聚体为 $3400\sim3200cm^{-1}$。

3. 振动耦合　当化合物中两个化学键的振动频率相等或接近并具有一个公共的原子时,通过公共原子使两个键的振动相互作用,振动频率发生变化,一个向高频移动,一个向低频移动,产生谱带分裂。例如,醋酐两个羰基振动耦合分裂为 $1820cm^{-1}$ 和 $1760cm^{-1}$ 两个吸收峰,这是醋酐区别于其他化合物的主要标志。

此外,质量效应、张力效应、空间效应等因素,都会对振动频率产生影响。

（二）外部因素

外部因素包括试样的状态、样品制备方法、溶剂极性、温度等。例如,丙酮的羰基在气、液、固态的吸收峰分别为 $1738cm^{-1}$、$1715cm^{-1}$ 和 $1703cm^{-1}$。因此,在查阅标准红外图谱时,要注意试样状态、制样方法及测量条件等因素。

三、影响谱带强度的因素

红外谱带的强度显示了振动跃迁的概率,与分子振动时偶极矩的变化大小有关,偶极矩变化愈大,谱带强度愈大。偶极矩的变化与基团本身固有的偶极矩有关,故基团极性越强,振动时偶极矩变化越大,吸收谱带越强;分子的对称性越高,振动时偶极矩变化越小,吸收谱带越弱。

点滴积累　∨

化合物特征吸收峰分为四个区:$4000\sim3000cm^{-1}$ 为 C—H（不饱和）、O—H、N—H 伸缩振动区;$3000\sim2500cm^{-1}$ 为 C—H（饱和）、S—H 及 C—H（醛基）伸缩振动区;$2500\sim1900cm^{-1}$ 为三键（氰基、炔基）、累积双键伸缩振动区;$1900\sim1300cm^{-1}$ 为双键伸缩振动区,包括羰基、烯基及苯环的骨架振动等。

第三节　红外分光光度计及制样

一、红外分光光度计

常用红外分光光度计分为色散型和傅里叶变换型两大类。

（一）色散型红外分光光度计

色散型主要由光源、样品池、色散系统、检测器、放大系统、电脑或记录仪等几部分组成。

1. 光源　目前最常用的有硅碳棒、能斯特灯、白炽线圈等。硅碳棒工作温度为1300～1500K，稳定性好，机械强度大，正温度系数，电路结构简单，点燃容易，目前为最常用的光源。能斯特灯工作温度为1400～2000K，常温下为非导体，需辅助加热才能通电发光。

2. 样品池　是可插入固体盐片、固体薄膜或液体池的样品槽。

样品室

样品架

3. 色散系统　包括狭缝、光路系统、色散元件。狭缝直接决定色散型单色光的纯度和能量，狭缝越窄，分辨率越高。仪器的光路系统基本上都采用反射镜，因透镜易潮解而不透明造成光能量的损失而不使用。目前色散型分光仪器的色散原件几乎全部采用复制光栅，主要分为刻制衍射光栅和全息记录衍射光栅。

4. 检测器　一般采用热电型，较常用的为高真空热电偶，另一种常用的检测器为气动检测器，又称高莱池。

（二）傅里叶变换红外（FTIR）分光光度计

傅里叶变换红外（FTIR）分光光度计没有色散元件，主要由光源、迈克尔逊干涉仪、检测器、计算机和记录仪等组成，其结构示意图见图4-6。其核心部分是迈克尔逊干涉仪，它将光源来的信号以干涉图的形式送往计算机进行Fourier变换的数学处理，最后将干涉图还原成光谱图。由于不用分光，任一时刻测定的都是全部信息，因此信息完整，信噪比和分辨率等均大大提高。

1. 迈克尔逊干涉仪　主要由固定反射镜、移动反射镜、分束器等组成，见图4-7。它是FT-IR与其他大多数红外光度计区别之所在。由于光程的不同或是延迟在两光束之间产生干涉并由此得到干涉图。

FTIR光谱仪的分辨率取决于采样数据点的多少，改变动镜移动的距离可以获得不同分辨率，有的FTIR动镜移动距离可达2m，分辨率达到$0.0026cm^{-1}$。动镜的移动距离由激光干涉仪和二进制计数器控制，扫描开始时，触发信号启动计数器工作，累计采样点数，达到预定值时，动镜返回，开始第二次扫描，现在的新型仪器采用激光回扫相位差来确定采样初始位置。

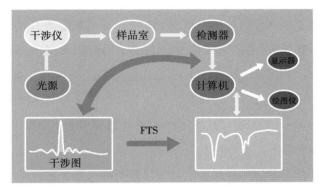

图 4-6　红外分光光度计的结构示意图

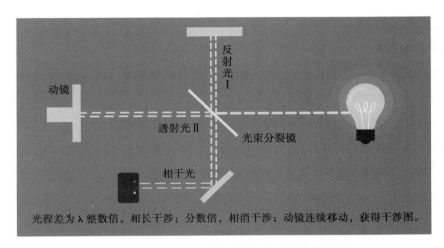

图 4-7　迈克尔逊干涉仪光学示意及工作原理图

分束器是可以将入射光分成两束的光学器件,是一个很薄的半反射半透膜,厚度通常只有几百埃,只能镀在红外区透明的特殊材料上使用。由于 KBr 在中红外区的高透明性,目前较多使用,由于 KBr 易潮解,因此防潮防水非常重要。

2. **检测器**　FTIR 红外仪中的检测器不但要响应入射光的强度,而且要响应其频率。因此,需要响应速度快,灵敏度高,测量波段范围较宽的一类检测器。目前使用最多的是热电型和光电型,热电型对各种频率响应几乎一样,在室温下即可使用,其缺点响应速度较慢,灵敏度偏低,硫酸三苷肽(TGS)检测器是典型代表。光电型检测器灵敏度较高,最典型的是汞镉碲(MCT),是由宽频带的半导体碲化镉和半金属化合物碲化汞混合配制而成。改变其组成,测量的波谱范围则不同。

用麦克尔逊干涉仪得到的干涉图为时域信号,包含全部入射光谱的信息,不同样品的图谱极为相似,辨认各种样品的吸收光谱特性非常困难,因此必须进行傅里叶变换得到频域信号。

二、试样制备技术

通常采用的制样技术有压片法、糊法、膜法、溶液法和气体吸收法等。

▶ **课堂活动**

红外分光光度计可以分为哪些类型？ FT-IR 仪有什么优点？

1. 固体样品制备技术

（1）压片法：是常用的固体样品制备技术，适合于不溶于有机溶剂的固体样品。用分析纯无水乙醇清洗玛瑙研钵，用擦镜纸擦干后，再用红外灯烘干；取约 1mg 药品与约 200mg 干燥的溴化钾粉末，置于玛瑙研钵中，在红外灯下混匀，充分研磨至颗粒直径小于 2μm 后，用不锈钢药匙取 70～80mg，平铺于压片机模具的两片压舌下，置压片机中；将压力调至 0.8～1GPa，压片，约 5 分钟后，用不锈钢镊子小心取出压制好的试样薄片，置于样品架中待用。

ER-4-3

压片法制备固体样品

（2）石蜡糊法：将干燥处理后的样品粉末与液体石蜡等一起研磨调成糊状，再涂在盐玻璃片上或夹在盐玻璃片之间进行检测。

ER-4-4

压片模具、安装好的压片模具

（3）薄膜法：对于可溶解的聚合物样品，可将其溶液铺展在平板上，待溶剂挥发后形成薄膜，直接进行红外光谱测量。

2. 液体样品制备技术

液体样品制备技术有液膜法和液体池法。红外样品池一般用盐玻璃来制造，包括氯化钠、溴化钾等，由于吸水，不能测定水溶液。液体样品可以直接放在两片盐玻璃之间形成一薄层，也可以溶解在适当的溶剂中测试，常用在红外区只有很少吸收带的四氯化碳、二硫化碳、氯仿等作溶剂。一般配成低于 10% 的溶液测定。

3. 气态样品制备技术

气体样品、低沸点液体样品和一些饱和蒸汽压较大的试样可以采用气态样品制备技术。一般将气体样品注入气体槽内，并在真空系统上完成。气体槽的主体是玻璃筒，直径 40mm，长度 100～50mm，两端粘有红外透光的 NaCl 或 KBr 窗片，槽内压力一般为 6.7kPa。

三、红外分光光度计的使用和日常维护

红外分光光度计属于精密光学仪器，热电偶、分束器、检测器窗口、样品池窗片都是极易吸水的晶体材料，因此宜放置在恒温，湿度较低，灰尘较少，无腐蚀性气体的房间中，除房间除湿外，光路部分需要放置干燥剂干燥。

▶ 课堂活动

红外分光光度法压片时为什么要加溴化钾？研磨为什么要在红外光下进行？

仪器对震动、外加电场及磁场都很敏感，应有稳定的电源，良好的屏蔽及专用符合要求的地线。

由于热电偶的窗片易于吸潮，应保持热电偶处于较高的温度。许多仪器有专门的加热装置，仪器全时处于保持通电状态，使热电偶保温，避免窗片潮解。

维修时所有光学元件均不可用任何材料揩拭，热电偶的处理更应小心，由于其接受面积小，整个光路系统非常精密，光路稍有偏移即可导致能量的大幅下降，或造成光路不平衡。

点滴积累 ∨

1. 傅里叶变换红外（FTIR）分光光度计没有色散元件，主要由光源、迈克尔逊干涉仪、检测器、计算机和记录仪等组成。

2. 红外分光光度计的光源主要有能斯特灯和硅碳棒。

3. 固体样品最常用的制备技术：KBr 压片法。

第四节　红外分光光度法的应用

红外光谱不具有分离样品的功能,且多数化合物都有红外吸收,混合物各成分的红外光谱相互叠加,难以区分,所以更适用于对纯度较高的样品(一般要求纯度大于98%或符合商业规格)进行鉴别、检查或含量测定,并且要求不含水分(结晶水、游离水),否则会造成干扰。

一、已知化合物的定性鉴别

用红外光谱鉴别已知化合物时,常采用标准图谱对照法。例如《中国药典》和《英国药典》均采用此法,即按照药典指定的条件绘制供试品的红外吸收光谱,然后与标准图谱进行对比(中国药典有配套的《药品红外光谱集》),核对是否一致,如果峰位、峰形及相对强度都一致时(重点考虑最大吸收峰),可认为二者为同一种物质,表示该项检查符合规定。例如,《中国药典》规定维生素 C 的红外分光光度法鉴别试验为:"本品的红外光吸收图谱应与对照的图谱(光谱集450图)一致"。

当无法获得标准图谱或检测条件差异较大时,也可采用供试品与对照品同时测定红外吸收光谱,比较供试品与对照品红外光谱是否一致。

知识链接

标准图谱知识

最常见的标准图谱有3种:①Sadtler 标准光谱集: 由美国费城 Sadtler Research Laboratories 收集整理并编辑,连续出版的大型综合性活页图谱集。 到1980年已收集了59000张光栅图谱,备有多种索引,便于查找。 ②Aldrich 红外图谱库: Pouchert C. J. . 编, Aldrich Chemical Co. 出版,包含1万多张各类有机化合物的红外光谱图。 ③Sigma Fourier 红外光谱图库: Keller R. J. 编, Sigma Chemical Co. 出版,包含1万多张各类有机化合物的 FTIR 谱图,并附索引。

二、简单未知化合物结构分析

利用红外光谱对化合物进行结构解析时,主要分为不饱和度的计算、官能团的分析及结构的猜测等步骤,关键为前两步。

▶ **课堂活动**

一般的药物片剂能否用红外分光光度法鉴别真伪?

(一) 不饱和度的计算

解析一个未知化合物的分子结构时,首先根据分子式计算不饱和度,可使问题简化。不饱和度又称缺氢指数,它反映一个分子中含环和双键的总数,计算公式表示如下:

$$\Omega = \frac{(2n_4 + 2 + n_3 - n_1)}{2} \qquad 式(4\text{-}4)$$

式中,n_4 为四价元素 C 的原子个数,n_3 为三价元素 N 的原子个数,n_1 为一价元素(H、X)的原子个数,二价原子(如 S、O)不参加计算。

根据不饱和度可以获得分子结构的重要信息。若 $\Omega=1$,分子可能有一个双键或一个脂肪环;若 $\Omega=2$,分子可能含有一个三键、或两个双键、或两个脂肪环、或一个双键、一个脂肪环;若 $\Omega\geqslant4$,分子可能含有苯环、或含有一个脂肪环和三个双键。不饱和度为 4 或更大的未知物,可能含有苯环,而不饱和度小于 4 的未知物,不可能含有苯环。例如,$C_{10}H_{14}N_2$ 和 $C_4H_4BrNO_2$ 不饱和度的计算。

$$C_{10}H_{14}N_2:\Omega=(2\times10+2+2-14)/2=5$$
$$C_4H_4BrNO_2:\Omega=(2\times4+2+1-5)/2=3$$

(二) 官能团的确定

在红外光谱图的官能团区,$C=O$、$O—H$、$N—H$、$C—O$、$C=C$、$C\equiv C$、$C\equiv N$、苯环和 $-NO_2$ 峰是最引人注意的,在解析步骤上宜"先粗后细",例如分析羰基化合物时,先找到 $C=O$ 峰,再确定该化合物是属于醛、酮、酯、酰胺、羧酸等哪一类。分析芳香族化合物,先确定苯环骨架,再确定取代位置。分析羟基化合物时先找到羟基的吸收峰,再确定该化合物是酚类或是醇类,如果是醇类再确定属于伯、仲、叔醇中哪一类。下面是分析红外光谱特征的一般步骤。

1. 羰基(C=O)　$C=O$ 在 $1820\sim1660cm^{-1}$ 区间产生一个强吸收。这个峰常是光谱中最强的,中等宽度。

(1) 如果 $C=O$ 存在:判断是下述各类化合物中的哪一类:①酸类 $O—H$ 是否也存在? 在 $3400\sim2400cm^{-1}$ 附近的宽吸收带(通常与 $C—H$ 吸收带重叠);②酰胺 $N—H$ 是否存在? 在 $3500cm^{-1}$ 附近有中等强度的吸收峰,有时是强度相同的双峰;③酯类 C-O 是否存在? 在 $1300\sim1000cm^{-1}$ 附近有强吸收峰;④酐类在 $1810cm^{-1}$ 和 $1760cm^{-1}$ 附近有两个 $C=O$ 吸收峰;⑤醛类 $C—H$ 是否也存在? 在 $2850cm^{-1}$ 和 $2750cm^{-1}$ 附近有两个弱吸收峰;⑥酮类,上述五种选择排除。

(2) 如果 $C=O$ 不存在:①醇类与酚类检查 OH 是否存在? 在 $3600\sim3300cm^{-1}$ 附近有宽吸收峰,在 $1300\sim1000cm^{-1}$ 附近找到 C-O 伸缩峰进行确证;②胺类检查 NH 是否存在,在 $3500\sim3100cm^{-1}$ 附近有一个或两个中等强度的吸收峰;③醚类在不存在 $O—H$ 时,检查在 $1300\sim1000cm^{-1}$ 附近是否存在 $C—O$ 吸收峰。

2. 双键、芳环　$C=C$ 在 $1650cm^{-1}$ 附近有弱吸收峰。在 $1650\sim1450cm^{-1}$ 区间有 $2\sim4$ 个中等至强的吸收峰,提示有芳环。参考 CH 区证实上述推断,芳环和乙烯基的 $C—H$ 伸缩振动吸收峰出现在 $3000cm^{-1}$ 左侧,而饱和脂肪族的 CH 出现在其右侧。

3. 三键　$C\equiv N$ 在 $2250cm^{-1}$ 附近有一个中等强度的窄吸收峰。$C\equiv C$ 在 $2150cm^{-1}$ 附近有一个弱而窄的吸收峰,核对在 3300 附近是否存在 $\equiv CH$ 吸收带。

4. 硝基　在 $1600\sim1500cm^{-1}$ 和 $1390\sim1300cm^{-1}$ 有两个强吸收峰。

5. 烷类　主要吸收发生在 $3000cm^{-1}$ 右侧的饱和 CH 伸缩区(甲基在 $2962cm^{-1}$ 和 $2872cm^{-1}$ 有两个峰,亚甲基 $2926cm^{-1}$ 和 $2853cm^{-1}$ 有两个峰);在 $1450cm^{-1}$ 和 $1375cm^{-1}$ 附近也有吸收峰。

6. 苯环的取代类型　$\gamma Ar—H$(苯环碳氢的面外弯曲振动)能协助判断苯环的取代类型。单取代苯在 $710\sim690cm^{-1}$ 和 $770\sim730cm^{-1}$ 有两个峰;邻二取代苯在 $770\sim735cm^{-1}$ 有一个强单峰;间二取代苯在 $710\sim690cm^{-1}$ 和 $810\sim750cm^{-1}$ 产生两个峰;对二取代苯在 $860\sim790cm^{-1}$ 有一个强单峰。见图 4-8。

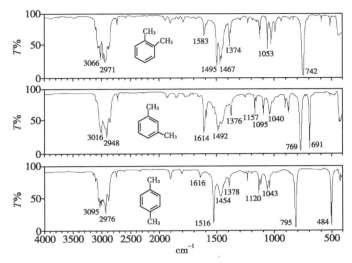

图 4-8　苯环取代的红外光谱图

三、应用与实例分析

　　红外光谱的特征性强，除光学异构体及长链烷烃同系物外，几乎没有两种化合物具有完全相同的红外吸收光谱，因此，被各国药典广泛用于化合物的鉴别及无效或低效晶型的检查。同时，由于红外光谱图能提供化合物分子的基团、结构异构等信息，也被广泛用于有机化合物的结构解析。

实 例 分 析

　　实例一　甲苯咪唑中 A 晶型检查。

　　甲苯咪唑是一种驱肠虫药，其 A 晶型为低效晶型，C 晶型为有效晶型。A 晶型在 640cm^{-1} 处有强吸收，在 662cm^{-1} 处吸收很弱，而 C 晶型在 640cm^{-1} 处吸收弱，在 662cm^{-1} 处吸收较强。因此，依据药物及其同质异晶杂质在特定波数处的吸收差异进行检查。

　　《中国药典》（2015 年版）规定，取本品与含 A 晶型为 10% 的甲苯咪唑对照品各约 25mg，分别加液体石蜡 0.3ml，研磨均匀，制成厚度约 0.15mm 的石蜡糊片，同时制作厚度相同的空白液体石蜡糊片作参比，分别测定供试品和对照品在约 640cm^{-1} 与 662cm^{-1} 波数处吸光度之比，要求供试品的吸光度之比不得大于含 A 晶型为 10% 的甲苯咪唑对照品在该波数处的吸光度之比。

　　实例二　红外光谱图解析举例。

　　1. 结构解析　已知分子式为 C_8H_7N,红外光谱图见图 4-9。

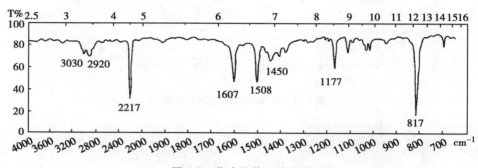

图 4-9　化合物的红外图谱

　　解:(1)不饱和度:$\Omega=(2+2\times8+1-7)/2=6$,分子中可能含有一个苯环。

　　(2) 峰归属:

　　$3030cm^{-1}$ 是不饱和 C—H 伸缩振动 $\nu_{=C-H}$,说明化合物有不饱和双键;

　　$2920cm^{-1}$ 是饱和 C—H 伸缩振动 ν_{C-H},说明化合物中有饱和 C—H 键;

　　$2217cm^{-1}$ 是不饱和叁键 C≡N 伸缩振动 $\nu_{C≡N}$,不饱和度为 2;

　　$1607cm^{-1}$、$1508cm^{-1}$、$1450cm^{-1}$ 是苯环骨架振动 $\nu_{C=C}$,说明化合物中有苯环,不饱和度为 4;

　　苯环不饱和度为 4,叁键 C≡N 不饱和度为 2,这说明该化合物除苯环和叁键以外的结构是饱和的;

　　$1450cm^{-1}$ 是 CH_3 的弯曲振动 ν_{C-H},说明化合物中有 CH_3;

　　$817cm^{-1}$ 是苯环对位取代的 C—H 弯曲振动,说明化合物为对位二取代苯。

　　(3) 所以本化合物可能的结构为

$$H_3C—\!\!\!\bigcirc\!\!\!—CN$$

　　2. 结构解析　已知分子式为 $C_8H_8O_2$,红外光谱图见图 4-10。

　　解:(1)不饱和度:$\Omega=(2+2\times8-8)/2=5$,分子中可能含有一个苯环。

　　(2) 峰归属:$1765cm^{-1}$ 处的强吸收峰说明分子中含有羰基;$1600cm^{-1}$、$1500cm^{-1}$ 处的吸收峰证实了苯环的存在;上述结构正好满足 5 个不饱和度;$1371cm^{-1}$、$1460cm^{-1}$ 处的吸收峰证明分子中含有 CH_3;$750cm^{-1}$、$696cm^{-1}$ 的吸收峰说明是单取代苯。

　　(3) 因此可能的结构为:

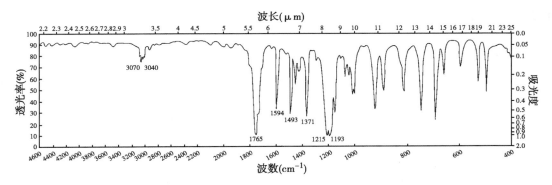

图 4-10　化合物的红外图谱

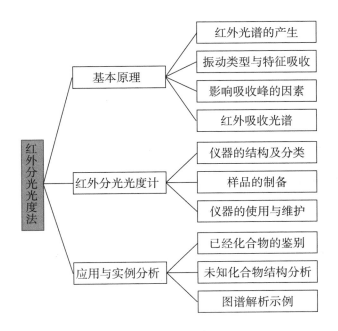

与标准谱图对照,即可最终确定。

点滴积累 ∨

1. 红外分光光度法对已知化合物的鉴别是通过与标准光谱图比对实现的。

2. $C=O$ 在 $1820 \sim 1660cm^{-1}$ 区间产生一个强吸收;$C=C$ 在 $1650cm^{-1}$ 附近有弱吸收峰;苯环在 $1650 \sim 1450cm^{-1}$ 区间有 $2 \sim 4$ 个中等至强的吸收峰;$C\equiv N$ 在 $2250cm^{-1}$ 附近有一个中等强度的窄吸收峰;$C\equiv C$ 在 $2150cm^{-1}$ 附近有一个弱而窄的吸收峰。

3. 单取代苯在 $710 \sim 690cm^{-1}$ 和 $770 \sim 730cm^{-1}$ 有两个峰;邻二取代苯在 $770 \sim 735cm^{-1}$ 有一个强单峰;间二取代苯在 $710 \sim 690cm^{-1}$ 和 $810 \sim 750cm^{-1}$ 产生两个峰;对二取代苯在 $860 \sim 790cm^{-1}$ 有一个强单峰。

复习导图

```
                                    ┌─ 红外光谱的产生
                                    │
                           ┌─ 基本原理 ─┤─ 振动类型与特征吸收
                           │        │
                           │        ├─ 影响吸收峰的因素
                           │        │
                           │        └─ 红外吸收光谱
                           │
    红                     │        ┌─ 仪器的结构及分类
    外                     │        │
    分                     │        │
    光 ───────────┼─ 红外分光光度计 ─┤─ 样品的制备
    度                     │        │
    法                     │        └─ 仪器的使用与维护
                           │
                           │        ┌─ 已经化合物的鉴别
                           │        │
                           └─ 应用与实例分析 ─┤─ 未知化合物结构分析
                                    │
                                    └─ 图谱解析示例
```

目标检测

一、填空题

1. 在中红外光区,一般把 4000 ~ 1300cm⁻¹ 区域叫作_____,而把 1300 ~ 400cm⁻¹ 区域叫作_____。

2. 红外光谱是由于分子振动能级的跃迁而产生,分子产生红外吸收要满足两个条件,级:(1)_____;(2)_____。

3. 在分子振动过程中,化学键或基团的_____不发生变化,就不吸收红外光。

4. 比较 C=C 和 C=O 键的伸缩振动,振动峰位更大的是_____。

5. 氢键效应会使 OH 伸缩振动谱带向_____波数方向移动(高或低);共扼效应使 C=O 伸缩振动频率向_____波数位移;诱导效应使其向_____波数位移。

6. 最常用的红外分光光度计的光源是_____。

二、判断题

( )1. 红外光谱不仅包括振动能级跃迁,也包括转动能级跃迁,故又称为振转光谱。

( )2. 对称结构分子,如 H_2O 分子,没有红外活性。

( )3. 水分子的 H—O—H 对称伸缩振动不产生吸收峰。

( )4. 红外光谱图中,不同化合物中相同基团的特征频率峰总是在特定波长范围内出现,故可以根据红外光谱图中的特征频率峰来确定化合物中该基团的存在。

( )5. 醛基中 C—H 伸缩频率出现在 2720cm⁻¹。

( )6. 红外光谱仪与紫外光谱仪在构造上的差别是检测器不同。

( )7. 游离有机酸 C=O 伸缩振动频率 一般出现在 1760cm⁻¹,但形成多聚体时,吸收频率向高波数移动。

( )8. 酮、羧酸等的羰基(>C=O)的伸缩振动在红外光谱中的吸收峰频率相同。

三、多项选择题

1. 红外光谱是( )

A. 分子光谱 B. 原子光谱 C. 吸光光谱 D. 电子光谱 E. 振动光谱

2. 当用红外光激发分子振动能级跃迁时,化学键越强,则( )

A. 吸收光子的能量越大 B. 吸收光子的波长越长 C. 吸收光子的频率越大

D. 吸收光子的数目越多 E. 吸收光子的波数越大

3. 在下面各种振动模式中,不产生红外吸收的是( )

A. 乙炔分子中—C≡C— 对称伸缩振动 B. 乙醚分子中C—O—C 不对称伸缩振动

C. CO_2分子中C—O—C 对称伸缩振动 D. H_2O 分子中羟基对称伸缩振动

E. HCl 分子中 H-Cl 键伸缩振动

4. 预测以下各个键的振动频率所落的区域,正确的是(　　)

  A. O—H 伸缩振动数在 $4000 \sim 2500\,\mathrm{cm}^{-1}$　　　　B. C—O 伸缩振动波数在 $2500 \sim 1500\,\mathrm{cm}^{-1}$

  C. N–H 弯曲振动波数在 $4000 \sim 2500\,\mathrm{cm}^{-1}$　　　　D. C—N 伸缩振动波数在 $1500 \sim 1000\,\mathrm{cm}^{-1}$

  E. C≡N 伸缩振动在 $1500 \sim 1000\,\mathrm{cm}^{-1}$

5. 基化合物中,当 C=O 的一端接上电负性基团则(　　)

  A. 羰基的双键性增强　　　　　B. 羰基的双键性减小　　　　C. 羰基的共价键成分增加

  D. 羰基的极性键成分减小　　　E. 使羰基的振动频率增大

6. 共轭效应使双键性质按下面哪一种形式改变(　　)

  A. 使双键电子密度下降　　　　B. 双键略有伸长　　　　　C. 使双键的力常数变小

  D. 使振动频率减小　　　　　　E. 使吸收光电子的波数增加

四、简答题

1. 产生红外吸收的条件是什么?是否所有的分子振动都会产生红外吸收光谱?为什么?

2. 红外光谱定性分析的基本依据是什么?

3. 排列下列两组化合物 $\upsilon_{C=O}$ 波数由高到低的顺序,并说明理由。

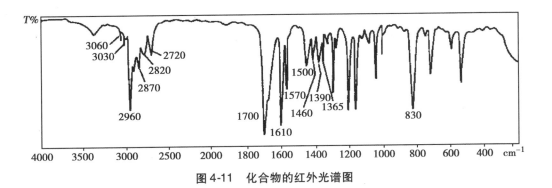

五、图谱解析

某物质分子式为 $C_{10}H_{12}O$。测得红外吸收光谱如图 4-11 所示,试确定其结构。

图 4-11　化合物的红外光谱图

拓展资源

拉曼光谱、红外光谱和近红外光谱的联系与区别

从本质上面来说，拉曼光谱和红外光谱都是振动光谱，能量范围都是一样的。红外是吸收光谱，拉曼是散射光谱。拉曼是一个差分光谱，形象的来说，可乐的价钱是1毛钱，你扔进去1毛钱，你就能得到可乐，这是红外。可是如果你扔进去1块钱，会出来一瓶可乐和找的9毛钱，你仍旧可以知道可乐的价钱，这就是拉曼。

光谱产生的条件不一样，红外要求分子的偶极矩发生变化，而拉曼要求分子的极化性发生变化。红外信号强，拉曼信号弱。使用的波长范围不一样，IR使用的是红外光，尤其是中红外，好多光学材料不能穿透，限制了使用，而拉曼可选择的波长很多，从可见光到NIR，都可以使用。水在红外光谱中有很强的吸收，会干扰一般化合物的分析，而拉曼信号则非常弱。

近红外光谱与红外光谱一样，属于分子的振动光谱，主要由振动的泛频峰（如倍频吸收，光子同时激发2个振动）、合频峰组成，因而波数较大（12500～4000cm^{-1}），而红外属于振动的基频吸收（4000～400^{-1}）。

（刘 浩）

第五章

原子吸收分光光度法

ER-05章PPT

导学情景 V

情景描述

2012 年 4 月，央视对"非法厂商用皮革下脚料造药用胶囊"曝光。 河北一些企业，用生石灰处理皮革废料，熬制成工业明胶，卖给绍兴新昌一些企业制成药用胶囊，最终流入毒胶囊药品企业，进入患者腹中。 由于皮革在工业加工时，要使用含铬的鞣制剂，因此这样制成的胶囊往往重金属铬超标。

学前导语

这就是我们熟知的毒胶囊事件。 铬是人体必需的一种微量元素，但铬过量摄入对人体的危害非常大。 参考《中国药典》（2015 年版），胶囊用明胶中的铬含量采用原子吸收分光光度法测定。 原子吸收分光光度法应用广泛，在金属元素的测定中发挥了重要作用。 本章将介绍原子吸收分光光度法的基本知识和基本操作。

第一节 概述

原子吸收分光光度法也称为原子吸收光谱法（atomic absorption spectrophotometry，AAS），是基于测量蒸气中原子对特征电磁辐射的吸收强度进行定量分析的方法。在 20 世纪 60 年代以后，原子吸收分光光度法不仅可以测定金属元素，还可以检测一些非金属元素（如卤素、硫、磷）和一些有机化合物（如葡萄糖、维生素 B_{12}）。近年来，原子吸收分光光度法的准确度、精密度、自动化程度及安全性都有了极大的提高，原子吸收分光光度法得到迅速发展，成为痕量元素分析灵敏且有效的方法之一，广泛应用于各个领域。在测定矿物、金属、化工产品、土壤、药品、食品、生物试样、环境试样中的金属元素含量时，原子吸收分光光度法往往是一种首选的定量分析方法。

> **知识链接**
>
> ### 化妆品中的重金属
>
> 重金属通常是指汞、砷和铅。 铅、汞能阻止黑色素形成，使用含有铅、汞的化妆品，皮肤会变得白亮。 用一段时间后，皮肤会发生重金属中毒现象，存不住水，迅速变干变脆变薄。 皮肤长期吸收汞会导致神经系统失调，视力减退，肾脏损坏，听力下降，皮肤粘膜敏感，并且可由母体进入胚胎，影响胚胎发育。

国家规定,化妆品的汞含量不得超过 1mg/kg,砷含量不得超过 10mg/kg,铅含量不得高于 40mg/kg。化妆品中重金属的检查一般采用原子吸收分光光度法。

原子吸收分光光度法具有以下特点:①准确度高:火焰原子吸收法的相对误差<1%,石墨炉原子吸收法为 3% ~5%;②灵敏度高:常规分析中,大多数元素测定的灵敏度均为 10^{-6} g/ml 数量级;如果采用火焰原子吸收光谱法,可达 10^{-9} g/ml;采用非火焰原子吸收法,可测到 10^{-13} g/ml;③选择性好,抗干扰能力强。因为分析不同元素时选用不同的灯作辐射源,待测元素对光的吸收是特征的;④适用范围广。目前,可以采用原子吸收分光光度法测定的元素已达 70 多种。

原子吸收分光光度法分析的局限性主要是:①工作曲线的线性范围窄,一般为一个数量级范围;②通常每测一种元素要使用一种元素灯,使用不便;③对钍、锆、钨等稀土元素和非金属元素以及同时进行多种元素的分析,尚有一定困难;④火焰法要用燃料气,不方便也不安全;⑤对于成分复杂的样品,干扰仍然比较严重。

点滴积累 ∨ ....

1. 原子吸收分光光度法　基于测量蒸气中原子对特征电磁辐射的吸收强度进行定量分析的一种仪器分析方法。
2. 原子吸收分光光度法的特点　准确度高、灵敏度高、选择性好、适用范围广。

第二节　原子吸收分光光度法的基本原理

原子吸收分光光度法的一般过程是试样蒸气中待测元素的基态原子吸收从光源辐射出的具有待测元素特征谱线的光,使辐射谱线强度减弱,经分光后特征谱线由检测器接收,依据谱线减弱的程度测定试样中待测元素的含量。

一、共振吸收线

原子由原子核及核外电子组成,电子绕核运动。原子核的外层电子按一定规律分布在各能级上,每个电子的能量是由它所处的能级决定的。不同能级间的能量差是不同的,而且是量子化的。

当辐射投射到原子蒸气上时,如果辐射频率相应的能量等于原子由基态跃迁到激发态所需的能量,则会引起原子对辐射的吸收,产生原子吸收光谱。

原子从基态激发到能量较低的激发态(第一激发态),为共振激发,产生的谱线称为共振吸收线。例如,钙原子吸收波长为 422.7nm 的光能,可使外层电子从基态跃迁到最低激发态,其共振吸收线为 422.7nm。这时要求光源产生电磁辐射的波长也应是 422.7nm。由于各种元素的原子结构和外层电子排布不同。不同元素的原子从基态激发至第一激发态时,吸收的能量不同。因此各种元素的共振线不同,各有其特征性,这种共振线称为元素的特征谱线。从基态到第一激发态的跃迁最容易发生,因此对大多数元素来说,共振线是元素所有谱线中最灵敏的谱线。在原子吸收光谱分析中,常用元素最灵敏的共振线作为分析线。原子吸收线一般位于光谱的紫外区和可见区。

二、原子吸收光谱的轮廓

从理论上讲,原子吸收光谱是利用基态原子吸收光源发射的共振线来进行分析的,原子吸收光谱应该是线状光谱。实际上,原子吸收线并非是一条严格的几何线,而是具有一定宽度(或频率范围)的谱线。当以强度为 I_0 的不同波长的光通过原子蒸气时,一部分被吸收,另一部分透过气态原子层。若用透过光强 I 对频率 ν 作图,得图 5-1(a)。由图可见,在中心频率 ν_0 处透过光强度最小。若将吸收系数 K_ν 对频率作图,得图 5-1(b),称为原子吸收线的轮廓。K_ν 为原子对频率为 ν 的辐射吸收系数;吸收系数的极大值,称为中心吸收系数(K_0)。所对应的频率为中心频率 ν_0;$K_0/2$ 处吸收线轮廓上两点间的频率差 $\Delta\nu$ 称为吸收线的半宽度。由此可见,ν_0、K_0 和 $\Delta\nu$ 是吸收线轮廓的重要特征。

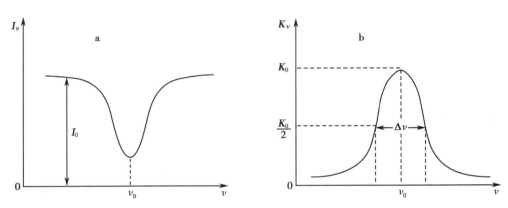

图 5-1　原子吸收线的谱线轮廓

原子吸收谱线变宽的原因比较复杂,一方面由于原子本身的性质决定了谱线自然变宽,另一方面是由于外界因素的影响引起的谱线变宽。原子吸收光谱的半宽度仅为 0.05nm 左右,比具有几十纳米的分子吸收光谱峰的半宽度要小得多。因此,原子吸收法不能以分子吸收法的光源作光源,原子吸收常采用一种锐线光源。

三、原子吸光度与原子浓度的关系

在原子吸收分光光度法中将试样转化为原子蒸气后,只要火焰温度选择合适,待测元素的原子绝大部分处于基态。这就提供了利用基态原子对共振线辐射的吸收进行分析的基本条件。

原子吸收分光光度法遵循光的吸收定律。若将光源发射的不同频率的光通过原子蒸气,入射光的强度为 I_0,有一部分光被吸收,其透过光的强度 I(原子吸收光后的强度)与原子蒸气的厚度(火焰的厚度)L 的关系服从朗伯定律,即:

$$I = I_0 e^{-K_0 L} \tag{式(5-1)}$$

式中,K_0 为原子蒸气对频率 ν 的光的吸收系数。

已知 $A = \lg \dfrac{I_0}{I}$　　所以:$A = \lg e^{K_0 L} = 0.4343 K_0 L$

式中,A 为吸光度,K_0 与浓度 c 成正比。

可以看出,原子吸光度与原子蒸气的厚度(火焰的宽度)成正比。因此,适当火焰的宽度可以提高测定的灵敏度。

当 L 一定时,上式可简化为

$$A = Kc \qquad\qquad 式(5\text{-}2)$$

此式为 AAS 的定量分析基本原理。注意:此式只适用于单色光。由于任何谱线并非都是无宽度的几何线,而是有一定宽度的,因此使用此式将带来误差。

点滴积累 ∨

1. 共振吸收线　原子从基态激发到能量较低的激发态(第一激发态)产生的谱线。
2. 半宽度　原子吸收线中心频率(v_0)吸收系数一半处吸收线轮廓上两点间的频率差 Δv。
3. 吸收线轮廓　吸收系数 Kv 对频率作图。
4. 定量分析公式　$A = Kc$。

第三节　原子吸收分光光度计

原子吸收分光光度计主要由光源、原子化器、单色器、背景校正系统和检测系统等组成。

一、仪器构造

(一) 光源

光源的作用是发射待测元素基态原子所吸收的特征共振线,故称为锐线光源。对光源的基本要求是:发射的共振线宽度要明显小于吸收线的宽度,辐射强度大,稳定性好,背景信号低,使用寿命长等。

空心阴极灯是最常用的锐线光源。它是一种低压气体放电管,主要有一个阳极(钨棒)和一个空心圆筒形阴极(由待测元素的金属或合金化合物构成)。阴极和阳极密封在带有光学窗口的玻璃管内,内充低压的惰性气体(氖气或氩气),其构造见图5-2。

原子吸收分光光度计

▶ **课堂活动**

你知道原子吸收分光光度计的光源应符合哪些条件吗? 为什么空心阴极灯能发射半宽度很窄的谱线?

空心阴极灯发射的谱线主要是阴极元素的特征光谱,因此用不同的被测元素作阴极材料,可制成各种被测元素的空心阴极灯。缺点是测一种元素换一个灯,使用不便。

(二) 原子化器

原子化器的作用是提供能量,使试样干燥,蒸发并转化为所需的基态原子蒸气。待测元素

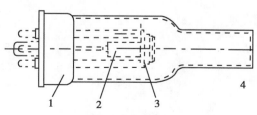

图5-2　空心阴极灯结构
1. 管座　2. 阴极　3. 阳极　4. 光窗

由试样转入气相,并转化为基态原子的过程,称为原子化过程。

原子化器主要有四种类型:火焰原子化器、石墨炉原子化器、氢化物发生原子化器及冷蒸气发生原子化器。

1. 火焰原子化器　常用的是预混合型原子化器,由雾化器及燃烧器等主要部件组成。其功能是将供试品溶液雾化成气溶胶后,再与燃气和助燃气混合,进入燃烧器产生的火焰中,以干燥、蒸发、离解供试品,使待测元素形成基态原子。如图5-3所示。

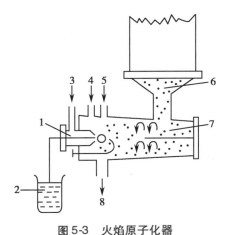

雾化器的作用是将试液雾化,并使雾滴均匀化。雾滴越小,火焰中生成的基态原子就越多,测定灵敏度越高。燃烧器的作用是产生火焰,使进入火焰的试样气溶胶蒸发和原子化。常用的是单缝燃烧器。

火焰原子化器

燃气和助燃气在雾化室中预混合后,在燃烧器缝口点燃形成火焰。燃烧火焰由不同种类的气体混合物产生,改变燃气和助燃气的种类及比例可控制火焰的温度,以获得较好的火焰稳定性和测定灵敏度。最常用的是乙炔-空气火焰。它能为35种以上元素充分原子化提供最适当的温度。最高火焰温度约为2600K。

图5-3　火焰原子化器
1. 雾化器　2. 溶液　3. 空气　4. 乙炔
5. 助燃器　6. 燃烧器　7. 雾化室
8. 废液

火焰原子化器操作简单,火焰稳定,重现性好,应用广泛。但它原子化效率低,气态原子在火焰吸收区中停留的时间很短,约 10^{-4} 秒。通常只可以液体进样。

2. 石墨炉原子化器　是常用的非火焰原子化器,由电热石墨炉及电源等部件组成。其功能是将供试品溶液干燥、灰化,再经高温原子化使待测元素形成基态原子。

一般以石墨管为发热体。石墨管外径为6mm,内径为4mm,长度为30mm左右,管两端用铜电极夹住。试样用微量注射器(或自动进样系统)由进样孔注入石墨管中,通过铜电极向石墨管提供电,通电后石墨管可达2000~3000℃高温,以蒸发试样和使试样原子化。铜电极周围用水箱冷却。保护气室内通惰性气体氩或氮,以保护原子化了的原子不再被氧化烧蚀,同时可延长石墨管的使用寿命。结构示意见图5-4。

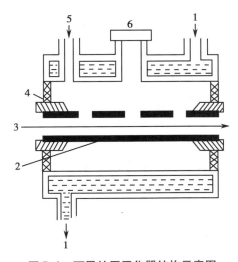

原子化过程分为干燥、灰化(去除基体)、原子化、净化(去除残渣)4个阶段,待测元素在高温下生成基态原子。

与火焰原子化相比,石墨炉原子化的特点是:①原子化在充有惰性保护气的气室内,在强还原性石墨介质中进行,有利于难熔氧化物的原子化;②试样用量少,固体试样几毫克,液体试样几微升,甚至可不经过前处理

图5-4　石墨炉原子化器结构示意图
1. 水　2. 石墨管　3. 光束　4. 绝缘材料
5. 惰性气体　6. 可卸式窗

直接进行分析,尤其适于生物试样的分析;③试样全部蒸发,原子化效率几乎达100%;④原子在测定区的有效停留时间长,约10^{-1}秒。几乎全部试样参与吸收,灵敏度高。但由于取样量少,测定重现性差,操作复杂。

3. 氢化物发生原子化器　由氢化物发生器和原子吸收池组成,可用于砷、锗、铅、镉、硒、锡、锑等元素的测定。其功能是将待测元素在酸性介质中还原成低沸点、易受热分解的氢化物,再由载气导入石英管、加热器等组成的原子吸收池,在吸收池中氢化物被加热分解,并形成基态原子。

4. 冷蒸气发生原子化器　由汞蒸气发生器和原子吸收池组成,专门用于汞的测定。其功能是将供试品溶液中的汞离子还原成汞蒸气,再由载气导入石英原子吸收池进行测定。

（三）单色器

单色器的作用是将所需的共振吸收线与邻近干扰线分离。由于原子吸收分光光度计采用锐线光源,吸收光谱本身也较简单,因而,对单色器分辨率的要求不是很高。为了防止原子化时产生的辐射不加选择地都进入检测器以及避免光电倍增管的疲劳,单色器通常配置在原子化器后。单色器中的关键部件是色散元件,现多用光栅。

（四）背景校正系统

背景干扰是原子吸收测定中的常见现象。背景吸收通常来源于样品中的共存成分及其在原子化过程中形成的次生分子或原子的热发射、光吸收和光散射等。这些干扰在仪器设计时应设法予以克服。常用的背景校正法有以下四种:连续光源(在紫外区通常用氘灯)、塞曼效应、自吸效应、非吸收线等。

（五）检测系统

检测系统主要由检测器、放大器、对数变换器、显示装置所组成,应具有较高的灵敏度和较好的稳定性,并能及时跟踪吸收信号的急速变化。检测器的作用是将单色器分出的光信号进行光电转换,常用光电倍增管。放大器的作用是将光电倍增管输出的电压信号放大,常用同步检波放大器,以改善信噪比。对数变换器是将吸收前后的光强度变化与试样中待测元素浓度的关系进行对数变换,显示装置是将测定值最终由指示仪表显示出来。

仪器某些工作条件的变化可影响灵敏度、稳定程度和干扰情况。在火焰法测定中可采用选择适宜的测定谱线和狭缝、改变火焰温度、采用标准加入法等方法消除干扰;在石墨炉法测定中可采用选择适宜的背景校正系统、加入适宜的基体改进剂等方法消除干扰。具体方法应按各品种项下的规定选用。

二、测定条件的选择

（一）试样取量

取样量应根据待测元素的性质、含量、分析方法及要求的精度来确定。在火焰原子化法中,应该在保持燃气和助燃气一定比例与一定总气体流量的条件下,测定吸光度随喷雾试样量的变化,应当选取吸光度最大时对应的试样喷雾量。使用石墨炉原子化器,取样量大小依赖于石墨管内容积的大小,一般固体取样量为$0.1\sim10$mg,液体取样量为$1\sim5\mu$l。

（二）分析线

通常选择共振吸收线作为分析线,因为共振吸收线一般是最灵敏的吸收线。但是,并不是任何情况下都一定要选用共振吸收线作为分析线。最适宜的分析线,视具体情况由实验决定。实验方法是:首先扫描空心阴极灯的发射光谱,了解有哪几条可供选用的谱线,然后喷入试液,查看这些谱线的吸收情况,应该选用不受干扰而吸收值适度的谱线作为分析线。

（三）狭缝宽度

在原子吸收分光光度法中,谱线重叠干扰的概率小,因此,允许使用较宽的狭缝,有利于增加灵敏度,提高信噪比。对于谱线简单的元素(如碱金属、碱土金属)通常可选用较大的狭缝宽度;对于多谱线的元素(如过渡金属、稀土金属)要选择较小的狭缝,以减少干扰,改善线性范围,狭缝宽度一般在 0.5~4nm 之间选择。

（四）空心阴极灯的工作电流

空心阴极灯的辐射强度与工作电流有关。灯电流过低,放电不稳定,光谱输出强度低;灯电流过大,谱线变宽,灵敏度下降,灯的寿命也要缩短。一般来说,在保证放电稳定和足够光强的条件下,尽量选用低的工作电流。在实际工作中,通过绘制吸光度-灯电流曲线选择最佳灯电流。

（五）原子化条件的选择

在火焰原子化系统中,火焰类型和特性是影响原子化效率的主要因素。对低、中温元素,使用乙炔-空气火焰;对于高温元素,采用乙炔-氧化亚氮高温火焰;对于分析线位于短波区(200nm 以下)的元素,使用氢气-空气火焰为宜。对于确定类型的火焰,一般来说稍富燃的火焰是有利的。对于氧化物不十分稳定的元素如 Cu、Mg、Fe、Co、Ni 等,也可用化学计量火焰或贫火焰。在火焰区内,应调节燃烧器的高度,以使来自空心阴极灯的光束从自由原子浓度最大的火焰区通过,以期获得高的灵敏度。

三、操作注意事项

ER-5-3

原子吸收分光光度计维护实施记录表

1. 石墨炉原子化器应注意干燥-灰化-原子化各阶段的温度、时间、升温情况等程序的合理编制。它们对测定的灵敏度、检出限及分析精度等都有很大的影响。

2. 使用石墨炉分析样品时,进样方法的重现性是关键操作。从石墨管的小孔中加入样品时,除石墨炉周围环境升温情况需要保持一致外,用微量吸管加入的角度、深度等均须一致,因此最好用重现性好、可靠的自动进样器,手工进样欲得重现的结果需要较高而熟练的实验技术。

3. 使用石墨炉分析时,样品中如存在比被分析元素更不易挥发的元素,最好在原子化升温完毕后用最高温度作极短期加热,以清洗残存于石墨管中的干扰元素。

4. 仪器及样品浓度情况差别很多,浓度过浓使信号达到饱和时则输出信号过强,此时可以适当降低灵敏度或改用该元素的次要谱线以确保信号强度与被测元素浓度呈线性关系。

5. 器皿清洗不宜用含铬离子的清洗液,因铬离子溶液容易渗透玻璃等容器中,而宜用硝酸或硝酸-盐酸混合液清洗后再用去离子清洗。

点滴积累 ∨

1. 原子吸收分光光度计的主要构造　光源、原子化器、单色器、背景校正系统和检测系统。

2. 原子化器主要有四种类型　火焰原子化器、石墨炉原子化器、氢化物发生原子化器、冷蒸气发生原子化器。

3. 分析线　通常选择共振吸收线。

第四节　原子吸收分光光度法的应用

一、定量分析方法

定量分析常用的方法有标准曲线法和标准加入法。

（一）标准曲线法

这是原子吸收分光光度法分析中的常规分析方法。在仪器推荐的浓度范围内,除另有规定外,制备含待测元素的对照品溶液至少 5 份,浓度由低到高,并分别加入相应试剂制备空白对照溶液。将仪器按规定启动后,依次测定空白对照溶液和各浓度对照品溶液的吸光度,记录读数。以每一浓度 3 次吸光度读数的平均值为纵坐标,相应的浓度为横坐标,绘制标准曲线。然后,在相同条件下测定供试品溶液的吸光度,从工作曲线上找出对应的溶液浓度值,计算被测元素的含量。绘制标准曲线时,一般采用线性回归,也可采用非线性拟合方法回归。

标准曲线法适用于组成简单或共存元素不干扰的试样,可用于同类大批量样品的测定,值得注意的是:为确保分析结果有足够的准确度,应采用相同的方法处理标准溶液和试样溶液,如果标准溶液与待测溶液的组成不同,将会引起较大的测量误差,所以必须保证两者的组成基本一致。

┌─ 边学边练 ───
│　　学会用标准曲线法进行含量测定,测定过程请参见实验实训项目 5-1 水样中微量铜的测定。
└──

（二）标准加入法

又称为增量法或直线外推法。这种方法可以消除基体效应的干扰。当很难配制与样品溶液相似的标准溶液,或样品基体成分很高,而且变化不定或样品中含有固体物质而对吸收的影响难以保持一定时,采用标准加入法是非常有效的。

通常取不少于四份体积相同的样品溶液,从第二份开始,分别精密加入不同浓度的待测元素对照品溶液,用溶剂稀释到一定体积,然后分别测其吸光度。以 A 对加入的标准溶液浓度 c 作图,将所得曲线外延与横坐标相交,此交点与坐标原点之间的距离即相当于供试品溶液

▶ 课堂活动

　　你知道胶囊中的铬含量测定采用什么方法吗？ 定量分析方法中的标准加入法与标准曲线法的不同点在哪些方面？ 各自有何优点？

取用量中待测元素的含量,如图 5-5 所示。再以此
计算供试品中待测元素的含量。

二、应用与实例分析

原子吸收分光光度法具有测定灵敏度高,检测
限小,干扰少,操作简单快速等优点,已广泛应用于药
物分析、食品分析、化妆品分析、卫生检验、环保、地质
等领域。原子吸收分光光度法往往是一种首选的定
量分析方法,在金属元素的测定中发挥了重要作用。

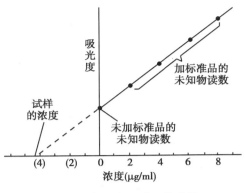

图 5-5　标准加入法工作曲线

实 例 分 析

实例一　维生素 C 中铁的检查。

原子吸收分光光度法用于杂质限度检查时,取供试品,按各品种项下的规定,制备供试品溶液;
另取等量的供试品,加入限度量的待测元素溶液,制成对照品溶液。照定量分析方法中标准曲线法
操作,设对照品溶液的读数为 a,供试品溶液的读数为 b,b 值应小于(a–b)。

《中国药典》(2015 年版)维生素 C 中铁的检查,取一定量维生素 C 两份,一份制备供试品溶液;
另一份加标准铁溶液适量,制备对照品溶液。选择原子吸收分光光度计和原子化方法,在 248.3nm
波长处分别测定对照品溶液和供试品溶液的吸光度。

假如,对照品溶液吸光度 a 为 0.7240,供试品溶液吸光度 b 为 0.3276,因 a–b = 0.7240–0.3276 =
0.3964>0.3276,所以该产品符合规定。

实例二　胶囊用明胶中铬的含量测定。

《中国药典》(2015 年版)胶囊用明胶中铬的含量采用标准曲线法测定,含铬不
得过百万分之二。

取供试品溶液与对照品溶液,以石墨炉为原子化器,照原子吸收分光光度法标准
曲线法测定,具体分析步骤为:

ER-5-4

原子吸收分
光光度法操
作考核标准

1. 溶液的制备

(1) 供试品溶液:取本品 0.5g,加硝酸 5 ~ 10ml,进行消解。消解完全后,用 2% 硝酸稀释至刻
度,摇匀。

(2) 对照品溶液:取铬元素标准溶液适量,用 2% 硝酸稀释制成 1.0μg/ml 的铬标准贮备液,分
别精密量取适量,用 2% 硝酸溶液稀释制成 0、10、20、40、60、80ng/ml 的铬对照品溶液。

(3) 空白溶液:不加样品,制备方法参照供试品溶液。

2. 选择原子吸收分光光度计,以石墨炉为原子化器,分析过程为:

(1) 开机,仪器初始化;

(2) 选择工作灯及预热灯,并寻峰,进入工作站;

(3) 选择石墨炉,调节原子化器的位置;

（4）选择标准曲线法,设置对照品和供试品信息;

（5）打开氩气和冷却水源,打开石墨炉电源;

（6）设置石墨炉加热程序;

（7）空白溶液校正;

（8）分别测定对照品溶液和供试品溶液的吸光度;

（9）关氩气,关冷却水,关仪器。

3. 数据记录与处理　分别记录对照品溶液和供试品溶液的吸光度,以对照品溶液的浓度为横坐标,相应的吸光度为纵坐标,绘制标准曲线。利用标准曲线求出供试品溶液的浓度值,计算铬的含量,并与标准规定进行比较,判断铬的含量是否符合规定。

点滴积累　∨

1. 定量分析常用的方法　标准曲线法和标准加入法。

2. 原子吸收分光光度法的应用　杂质检查和含量测定。

复习导图

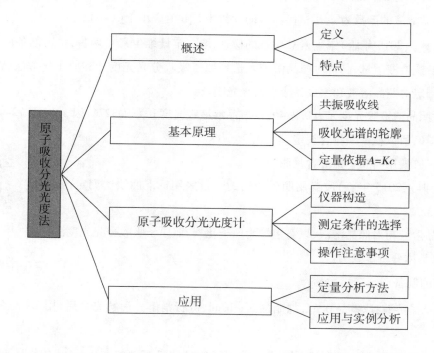

目标检测

一、填空题

1. 原子吸收分光光度法定量分析的依据是_____。

2. 原子吸收谱线的横坐标是_____,纵坐标是_____。谱线的宽度常用_____来表示。

3. 在非火焰原子化装置中,_____是目前发展最快、结构较完善,使用较好的原子化器。

4. 原子吸收分光光度法常用的定量分析方法有_____和_____。

5. 原子吸收分光光度计中所用光源为＿＿＿＿＿＿＿＿＿。

二、判断题

（　　　）1. 原子吸收线不是一条单一频率的线,而是一条较窄的峰形曲线,具有一定的宽度。

（　　　）2. 原子吸收测定中必须选择共振线作为分析线。

（　　　）3. 原子吸收光谱是带状光谱,而紫外可见光谱是线状光谱。

三、简答题

1. 在原子吸收测定中,为什么选择共振线作为分析线?

2. 常见的原子化器有几种?有何不同?

3. 原子吸收分光光度计主要由哪几部分组成,各部分功能是什么?

四、计算题

使用 285.2nm 共振线测定 Mg 标准溶液,得到下列数据:

Mg 的浓度（µg/ml）	0	0.2	0.4	0.6	0.8	1.0
吸光度	0.000	0.089	0.161	0.236	0.318	0.398

取血清 2ml 用纯水稀释 50 倍,与测定标准溶液同样的条件测定,吸光度为 0.213,求血清中 Mg 的浓度。

ER-05章习题

拓展资源

火焰法测量时维护与注意事项

1. 火焰法测量时,首先要知道大概的灵敏度,可从生产商提供的 COOKBOOK 文件中查看大概的标准曲线数据,从中知道线性范围及可测的样品浓度范围。 当仪器测某元素与 COOKBOOK 中的数据有较大偏差,应分析原因并调整,使仪器的测量结果误差最小。

2. 样品处理后要无颗粒物质,否则很容易把进样毛细管堵塞。 如有颗粒,要过滤样品。 毛细管堵塞后,样品灵敏度会下降很大,一般此时要取下雾化器,用专用的钢丝（仪器自带）疏通,疏通时注意不要把撞击球捅掉,尽量不要拔出雾化器的毛细管部分。

3. 如要使用笑气-乙炔火焰,要根据元素不同,调整笑气流量,使火焰温度达到合适温度,以达到最佳灵敏度。 要注意笑气钢瓶内压力,及时更换钢瓶。

4. 火焰法测量常出现的问题有: 点不着火。 原因一般是乙炔或空气压力低,或乙炔钢瓶换的太晚,钢瓶内溶解物进入管路,造成乙炔气路堵塞。 乙炔气路一般可能有两个地方堵塞,一是乙炔进入仪器处;二是乙炔二次调压阀处,如处理不当造成漏气会发生危险,一般要由专业人员处理并检漏后才能使用。

5. 空气压缩机要注意排水及注意检查润滑油液面，夏天最好每天排水。

6. 火焰法的灵敏度与雾化器的雾化效率有很大关系，一般可用 Cu 元素检查，根据新仪器安装时的数据或仪器指标检查，如相差较大，要考虑雾化器问题，在疏通雾化器毛细管后如无大的改善，要检查雾化效率。

7. 注意检查点火口 Pilot 的电极（电子点火器的电极）上的积炭，如有积炭要刮掉，如果积炭太多，可能造成两电极短路，建议每月检查处理一次。 乙炔不纯时，此处容易产生积炭。

（王艳红）

第六章

荧光分光光度法

ER-06章PPT

导学情景 ∨

情景描述

2014年，某省质量技术监督局组织对洗涤剂产品进行监督抽查（风险监测）。各检测项目中，荧光增白剂一项在洗衣粉中的检出率为100%。其中，有14批次产品中含有两种荧光物质。

学前导语

我国洗涤剂行业允许衣物洗涤产品中添加荧光增白剂，但荧光剂在体内易积蓄，会削弱人体的免疫力，危害人体健康。对于荧光增白剂的初步鉴定和含量测定可以采用荧光分光光度法。荧光分光光度法应用广泛，已成为医药、生物、农业和工业等领域进行科学研究的重要手段之一。本章将介绍荧光分光光度法的基本知识和基本操作。

某些物质受紫外线或可见光照射后，能发射出比激发光波长较长的光，这种现象称为光致发光，最常见的光致发光现象是荧光和磷光。物质的基态分子受到激发光源的照射，被激发至激发态后，从激发态的最低振动能级返回基态时所发射出的光，称为荧光（fluorescence）。荧光分光光度法是根据物质的荧光谱线位置及其强度进行定性或定量的分析方法。如果待测物质是分子，称为分子荧光；如果待测物质是原子，则称为原子荧光。本章主要介绍分子荧光分光光度法。

荧光分光光度法具有灵敏度高、选择性强、样品用量少（几十微克或几十微升）等特点，其检测限达 10^{-10} g/ml，甚至 10^{-12} g/ml，比紫外-可见分光光度法的灵敏度（10^{-7} g/ml）高 2～3 个数量级，在医药和临床药物分析中应用广泛，特别是在药物的体内代谢研究中具有特殊的重要性。

第一节　基本原理

一、分子荧光的产生

根据 Boltzmann 分布，分子在室温时基本上处于电子能级的基态。当吸收了紫外-可见光后，基态分子中的电子只能跃迁到激发单重态的各个不同振动-转动能级，不能直接跃迁到激发三重态的各个振动-转动能级。处于激发态的分子不稳定，通常以辐射跃迁和无辐射跃迁方式释放多余的能量而返回至基态。辐射跃迁主要以光辐射形式释放能量，包括荧光发射和磷光发射；无辐射跃迁是指以热的形式释放能量,包括振动弛豫、内部能量转换、体系间跨越及外部能量转换等过程。荧光与磷光产生示意图见图 6-1。

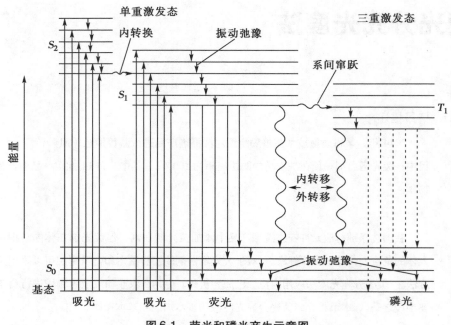

图 6-1 荧光和磷光产生示意图

图 6-1 中,S_0、S_1 和 S_2 分别表示分子的基态、第一和第二电子激发的单重态,T_1 表示第一电子激发的三重态。

二、激发光谱和发射光谱

任何荧光化合物都具有两个特征光谱,即荧光激发光谱和发射光谱。不同结构的化合物产生不同的荧光激发光谱和荧光发射光谱,据此可对物质进行定性分析,并可作为选择测定波长的依据。

(一) 激发光谱

在不同波长的激发光作用下,测量荧光物质某一波长处荧光强度的变化而获得的光谱,称为激发光谱(excitation spectrum)。固定荧光发射波长,连续改变激发光波长(即入射光),测定不同波长激发光下物质溶液发射的荧光强度,记录荧光强度(F)对激发波长(λ_{ex})的关系曲线,即可得到激发光谱。激发光谱的形状与吸收光谱极为相似。激发光谱反映了在某一固定的发射波长下所测量的荧光强度对激发波长的依赖关系。

(二) 发射光谱

指激发波长和强度不变,测量荧光物质在不同波长处发射的荧光强度而获得的光谱,称为荧光光谱(fluorescence spectrum)或发射光谱。固定激发光波长和强度,通过扫描发射单色器以检测各种波长下相应的荧光强度,记录荧光强度(F)对发射波长(λ_{em})的关系曲线,即可得到荧光光谱。荧光光谱反映了在某一固定激发波长下所测量的荧光波长分布。

（三）荧光光谱特征

1. 荧光波长比激发光波长长　由于激发光以无辐射跃迁失掉一部分能量到达第一电子激发态最低振动能级,再发射荧光,因此荧光发射能量比激发光能量低,故荧光波长长于激发光。

2. 荧光光谱的形状与激发波长无关　从荧光发生过程可知,处于不同激发态分子的荧光发射,电子最终都是从第一电子激发态的最低振动能级开始,直接发射荧光而回到基态的各个振动能级上,所以荧光光谱与激发光波长无关。

3. 荧光光谱与激发光谱呈镜像关系　从图 6-2 可以看出,激发光谱与荧光光谱的形状相近,两者之间存在着"镜像对称"关系,但形状有所差别。

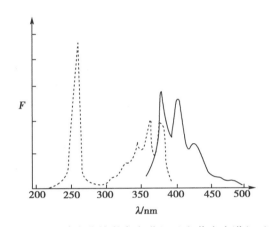

图 6-2　乙醇中蒽的激发光谱(…)和荧光光谱(—)

三、荧光与分子结构的关系

能够发射荧光的物质同时具备两个条件:有较强的紫外-可见吸收和一定的荧光效率。荧光效率是指发射荧光的分子数与激发态分子总数之比,或者表示为物质发射荧光的量子数与所吸收的激发光量子数之比。一般来说,长共轭分子具有较强的紫外吸收,刚性平面结构分子具有较高的荧光效率。而共轭体系上的取代基对荧光光谱和荧光强度也有很大影响。

（一）共轭 π 键结构

绝大多数能产生荧光的物质都含有芳香环或杂环,因其具有长共轭的 π 键结构。π 电子共轭程度越大,荧光强度越大,荧光效率(φ_f)增大,致使激发波长和荧光波长也长移。如下面三个化合物的共轭结构与荧光的关系:

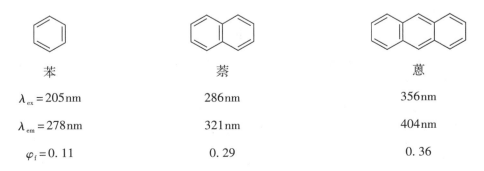

苯	萘	蒽
$\lambda_{ex} = 205\,nm$	$286\,nm$	$356\,nm$
$\lambda_{em} = 278\,nm$	$321\,nm$	$404\,nm$
$\varphi_f = 0.11$	0.29	0.36

含有长共轭双键的脂肪烃有可能有荧光,但这一类化合物的数目不多。例如维生素 A 是能发射荧光的脂肪烃之一。

（二）取代基的影响

1. 给电子取代基　π共轭程度升高,荧光强度增加荧光波长长移,例如,—NH_2、—OH、—OCH_3、—CN、—NHR、—NR_2等基团。

2. 吸电子取代基　一般会减弱π共轭程度,使荧光强度减弱甚至熄灭,例如,—COOH、—CHO、—NO_2、—C＝O、—N＝N—、—Br、—I 等基团。

（三）分子的刚性平面结构

荧光效率高的荧光体,其分子多是平面构型,且具有一定刚性。在同样的长共轭分子中,分子的刚性和共平面性越大,荧光效率越高,荧光波长产生越长。

如芴与联二苯,荧光效率分别为 1.0 和 0.2,二者的结构差别在于芴的分子中加入亚甲基成桥,使两个苯环不能自由旋转,成为刚性分子,共轭π电子的共平面性增加,使芴的荧光效率大大增加。利用这一性质可以测定许多本身不发生荧光的物质。

联苯　　　　　　　　芴

对于顺反结构,顺式分子的两个基团在同一侧,由于位阻效应使分子不能共平面性,则没有荧光。例如,1,2-二苯乙烯顺式异构几乎无荧光,而反式异构体有强烈荧光。

四、影响荧光强度的外部因素

（一）温度的影响

大多数分子在温度升高时,分子与分子之间、分子与溶剂分子之间的碰撞频率升高,非辐射能量转移过程升高,荧光强度降低,因此,降低温度,有利于提高荧光强度。所以尽量在低温下测定,以提高灵敏度。

（二）溶液 pH 的影响

显弱酸性或弱碱性的荧光物质,溶液 pH 的改变将对该物质的荧光产生很大影响。因此,在用荧光强度进行定量测定时,严格控制溶液的 pH,方能达到最好的灵敏度和准确度。

（三）溶剂的影响

同一种荧光物质在不同溶剂中,其荧光光谱的形状和强度都有差别。荧光波长随着溶剂极性的增大而长移,荧光强度也增强。降低溶剂黏度,可增加分子间的碰撞概率,使无辐射跃迁增加而荧光减弱。

（四）散射光的影响

对荧光分析产生干扰的散射光主要是瑞利光和拉曼光。

1. 瑞利散射光　物质(溶剂或其他分子)分子吸收光能后,跃迁到基态的较高振动能级,在极短时间(10^{-12}秒)返回到原来的振动能级并发出与原来吸收光相同波长的光称为瑞利散射光。

2. 拉曼散射光 物质分子吸收光能后,若电子返回到比原来能级稍高(或稍低)的振动能级而发射的光称为拉曼散射光。因拉曼光波长与荧光波长接近,所以对荧光测定有干扰,应设法消除干扰。

（五）荧光熄灭剂的影响

荧光熄灭又称荧光猝灭,是指荧光物质分子与溶液中其他物质分子之间作用导致荧光强度降低的现象。引起荧光熄灭的物质成为荧光熄灭剂。例如,卤素离子、重金属离子、氧分子、硝基物质、重氮化合物及羰基化合物等。

▶▶ 课堂活动

综合分析影响荧光波长和强度的主要因素有哪些?

> **知识链接**
>
> ### 荧光熄灭法
>
> 荧光物质中引入荧光熄灭剂后会使荧光分析产生误差,荧光熄灭是荧光分析的不利因素。 但是,如果一种荧光物质在加入某种荧光熄灭剂后,荧光强度的减弱和荧光熄灭剂的浓度呈线性关系,则可以利用这一性质测定荧光熄灭剂的含量,这种方法称为荧光熄灭法。 荧光熄灭法比荧光法灵敏度高、选择性好。

点滴积累 ∨

1. 强荧光物质往往具备如下特征 具有大的共轭 π 健结构;具有刚性平面结构;取代基团为给电子基团。

2. 影响荧光的外部因素主要有 温度、溶剂、pH、散射光、荧光熄灭剂等。

3. 最强荧光波长（λ_{em}）和最强激发波长（λ_{ex}） 是物质的定性依据,是定量测定时最适宜波长。

4. 荧光光谱通常具有如下特征 荧光波长比激发波长较长;荧光光谱的形状与激发波长无关;荧光光谱与激发光谱呈镜像关系。

第二节 荧光分光光度计

ER-6-1

不同型号的荧光分光光度计

荧光分光光度计的基本构造主要由激发光源、单色器、样品池、检测器、显示系统等部分组成。如图6-3所示。

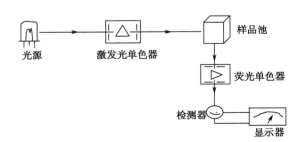

图6-3 荧光分光光度计基本构造示意图

一、仪器构造

（一）激发光源

常用激发光源有氙灯和汞灯。氙灯在 200 ~ 700nm 波长范围内能连续辐射且在 300 ~ 400nm 波长范围内所有射线强度基本相等,因此,通常选用氙灯作为激发光源。汞灯发射出的光是不连续的,不能用于对激发光波长进行扫描的仪器。

（二）单色器

荧光分光光度计装有两个光栅单色器,即激发单色器和发射单色器,其作用是将复合光变成单色光。激发单色器在光源与样品池之间,可以让所选择的激发光透过而照射在被测物质上。荧光单色器在样品池和检测器之间,与激发光源成直角,可以把容器的反射光、溶剂的散射光以及溶液中杂质所产生的荧光除去,只让特征波长的荧光通过而照射于检测器上。

（三）样品池

使用低荧光的石英材料制成,其形状为方形或矩形。样品池四面透光,从样品池出来的荧光方向与激发光源成直角,这样可以在背景为零时检测微小荧光信号。

样品池

（四）检测器

因荧光强度通常较弱,一般采用光电倍增管作检测器。目前,光电二极管阵列式检测器也已用于荧光分光光度计。

（五）显示系统

光度表、计算机操作系统等。

二、仪器性能检定及注意事项

（一）性能检定

1. 灵敏度　是指能被仪器检出的最低信号,或某一标准荧光物质稀溶液在选定波长的激发光照射下能检出的最低浓度。仪器灵敏度直接影响检测结果,故需在每次测定时,在选定波长、狭缝条件下,先用一稳定的荧光物质配成浓度一致的标准溶液对仪器进行校正,使每次测得荧光强度调至相同数值(50% 或 100%)。若被测物质产生的荧光稳定,自身就可作为标准液进行校正。在实际校正中,通常采用 1μg/ml 硫酸奎宁的 0.05mol/L 硫酸溶液进行校正。

2. 波长准确度　仪器在长期使用或经维修、更换部件后,波长准确度可能降低,因此,应定期用汞灯的标准谱线对波长准确度进行校正。检查激发光单色器时,将发射波长固定在 0nm 处,使激发波长从 430nm 开始扫描至 480nm,核对相应的最大波长;检查发射光单色器时,将激发波长固定在 0nm 处,使发射波长从 430nm 开始扫描至 480nm,核对相应的最大波长。

3. 光谱　荧光分光光度计所测得的激发光谱和发射光谱都是表观的,有一定误差。主要原因为:①光源强度随波长改变会发生变化;②检测器对不同波长的敏感度不同,不成线性。一般可用定购的光谱校正附件加以校正。目前使用的双光束荧光分光光度计,可用参比光束抵消光学误差。

（二）注意事项

荧光分光光度法因灵敏度高,故操作时应注意以下干扰因素。

1. 溶剂不纯会带入较大误差,应先做空白检查,必要时,将溶剂用玻璃磨口蒸馏器蒸馏后再用。

2. 溶液中的悬浮物对光有散射作用,必要时,应用垂熔玻璃滤器滤过或用离心法除去。

3. 所用的玻璃仪器与样品池等必须保持高度洁净。

4. 温度对荧光强度有较大的影响,测定时应控制温度一致。

5. 溶液中的溶解氧有降低荧光作用,必要时可在测定前通入惰性气体除氧。

6. 测定时需注意溶液的 pH 和试剂的纯度等对荧光强度的影响。

7. 对易被光分解的品种,可选择一种激发光波长和发射光波长都与之相近而对光稳定的物质溶液作对照品溶液,校正仪器的灵敏度。例如蓝色荧光可用硫酸奎宁的硫酸溶液,黄绿色荧光可用荧光素钠的水溶液。

点滴积累　∨

1. 荧光分光度计的主要构造　发光源、单色器、样品池、检测器、显示系统。
2. 荧光分光度计的性能检定　灵敏度、波长准确度、光谱。

第三节　荧光分光光度法的应用

虽然很多化合物对 200～400nm 区域的光有吸收,但是只有一些具有特殊 π-π 共轭结构的分子才能发射出荧光,可以采用荧光法进行定性或定量分析。

一、定量分析方法

当激发光强度、波长、所用溶剂及温度等条件固定时,物质在一定的浓度范围内,其发射光强度与溶液中该物质的浓度成正比关系。可以采用标准曲线法和对照品比较法进行定量。

（一）标准曲线法

取已知量的被测物质标准品,用与样品相同的方法处理后,配制一系列标准溶液,依次测量其荧光强度(F),绘制 F-c 标准曲线。然后在相同条件下测定样品溶液的荧光强度,从标准曲线上查出样品中荧光物质的浓度。

（二）对照品比较法

当荧光物质的标准曲线通过原点时,就可在其线性范围内选择某一浓度的标准溶液,用对照品比较法测定。首先选定激发光波长和发射光波长,并制备对照品溶液和供试品溶液,在每次测定前,用一定浓度的对照品溶液校正仪器的灵敏度;然后在相同的条件下,分别读取对照品溶液及其试剂空白的荧光强度与供试品溶液及其试剂空白的荧光强度,用下式计算供试品浓度:

$$c_x = \frac{R_x - R_{xb}}{R_r - R_{rb}} \times c_r \qquad\qquad 式（6-1）$$

式中，c_x 为供试品溶液的浓度；c_r 为对照品溶液的浓度；R_x 为供试品溶液的荧光强度；R_{xb} 为供试品溶液试剂空白的荧光强度；R_r 为对照品溶液的荧光强度；R_{rb} 为对照品溶液试剂空白的荧光强度。

因荧光分光光度法中的浓度与荧光强度的线性较窄，故 $(R_x-R_{xb})/(R_r-R_{rb})$ 应控制在 0.5～2 之间为宜，如若超过，应在调节溶液浓度后再进行测定。当浓度与荧光强度明显偏离线性时，应改用标准曲线法进行含量测定。

实验证明，样品溶液浓度太高会发生"自熄灭"现象，而且在液面附近溶液会吸收激发光，使发射光强度下降，导致发射光强度与浓度不成正比，故荧光分光光度法应在低浓度溶液中进行。

二、应用与实例分析

荧光分光光度法由于灵敏度高、选择性好，主要用于微量或痕量成分的定性定量测定，尤其对生物大分子及中药有效成分的检测效果更好，另外还可以作为高效液相色谱仪的检测器。

实 例 分 析

实例一 中药的荧光分析。

不同的药物，其化学成分不同，产生荧光的颜色亦不同。据此可用于药物真伪的鉴别；同一药物有效化学成分的多寡会引起产生荧光的强弱不同，据此可用于药物优劣的鉴别。如川牛膝现淡绿黄色荧光，其伪品红牛藤显红棕色荧光。

实例二 利血平片中利血平的含量测定。

利血平具有三甲氧基苯甲酰结构，荧光效率较高。《中国药典》（2015 年版）对其片剂含量测定规定如下。

1. 对照品溶液的制备 精密称取利血平对照品 10mg，置于 100ml 棕色量瓶中，加三氯甲烷 10ml 使利血平溶解，用乙醇稀释至刻度，摇匀；精密量取 2ml，置于 100ml 棕色量瓶中，用乙醇稀释至刻度，摇匀，即得。

2. 供试品溶液的制备 取本品 20 片，如为糖衣片应除去包衣，精密称定，研细，精密称取适量（约相当于利血平 0.5mg），置于 100ml 棕色量瓶中，加热水 10ml，摇匀后，加三氯甲烷 10ml，振摇，用乙醇稀释至刻度，摇匀，滤过，精密量取续滤液，用乙醇定量稀释成每 1ml 中约含利血平 2μg 的溶液，即得。

3. 测定方法 精密量取供试品溶液与对照品溶液各 5ml，分别置具塞试管中，加五氧化二钒试液 2.0ml，激烈振摇后，在 30℃放置 1 小时，取出，于室温下，在激发光波长为 400nm，发射光波长为 500nm 处测定荧光强度。

4. 结果处理 若对照品溶液及试剂空白读数分别为 R_r 及 R_{rb}；供试品溶液及试剂空白读数分别为 R_x 及 R_{xb}，则供试品溶液浓度 c_x 与对照品溶液浓度 c_r 的关系为 $c_x = \dfrac{R_x-R_{xb}}{R_r-R_{rb}} \times c_r$。

点滴积累 ∨ ··

1. 定量分析方法 标准曲线法、对照品比较法。

2. 荧光分光光度法的应用 定性鉴别和含量测定。

复习导图

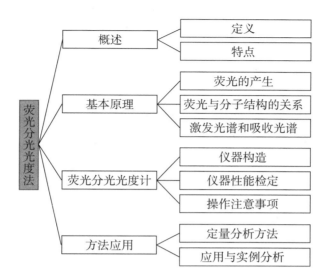

目标检测

一、选择题

（一）单项选择题

1. 荧光光谱属于（   ）

    A. 吸收光谱   B. 发射光谱   C. 红外光谱   D. 质谱   E. 紫外光谱

2. 一种物质能否发出荧光主要取决于（   ）

    A. 分子结构   B. 激发光波长   C. 温度   D. 溶剂极性   E. 激发光强度

3. 下列结构中荧光效率最高的物质是（   ）

    A. 硝基苯   B. 苯   C. 苯酚   D. 苯甲酸   E. 苯甲醛

4. 荧光物质的荧光光谱和它的吸收光谱的形状是（   ）

    A. 相同   B. 相同且重叠   C. 对称   D. 相似且成镜像   E. 以上都不是

5. 为使荧光强度和荧光物质溶液的浓度成正比,必须使（   ）

    A. 激发光足够强   B. 吸光系数足够大   C. 试液浓度足够稀

    D. 仪器灵敏度足够高   E. 仪器选择性足够好

（二）多项选择题

1. 下列关于荧光分光光度法特点的叙述正确的是（   ）

    A. 检测灵敏度高   B. 用量大,分析时间长   C. 用量少,操作简便

    D. 选择性强   E. 应用广泛

2. 分子中有利于提高荧光效率的结构特征是（   ）

    A. 双键数目较多   B. 共轭双键数目较多   C. 含重金属原子

    D. 分子为平面刚性   E. 苯环上有给电子基团

3. 下列说法正确的有(　　)

　A. 荧光波长一般比激发波长要长

　B. 分子刚性及共平面性越大,荧光效率越高

　C. 苯环上吸电子基团会增强荧光

　D. 苯环上给电子基团会增强荧光

　E. 荧光波长一般比激发波长要短

4. 下列哪些取代基会减弱芳香化合物的荧光强度(　　)

　A. —NH$_2$　　　　B. —NO$_2$　　　　C. —OH　　　　D. —COOH　　　　E. —NR$_2$

5. 下列哪些取代基会增强芳香化合物的荧光强度(　　)

　A. —OH　　　　B. —Cl　　　　C. —OC$_2$H$_5$　　　　D. —C = O　　　　E. —NO$_2$

二、填空题

1. 激发光波长和强度固定后,荧光强度与荧光波长的关系曲线称为_____;荧光强度确定后,荧光强度与激发光波长的关系曲线称为_____。

2. 荧光分光光度计的主要部件有_____、_____、_____、_____、_____五大部分组成。

3. 荧光分光光度法进行定量分析的依据是_____。

三、简答题

1. 哪些因素会影响荧光波长和强度?

2. 荧光物质具有哪些结构特点?

四、实例分析题

用荧光法测定蔬菜中维生素 B$_2$ 的含量:称取 2.00g 蔬菜,捣碎后用 10.0ml 三氯甲烷萃取(萃取率 100%),取上清液 2.00ml,再用三氯甲烷稀释为 10.0ml。取维生素 B$_2$ 三氯甲烷标准液浓度为 0.100μg/ml。测得空白溶液、标准溶液和样品溶液的荧光强度分别为:$R_{rb} = 1.5$,$R_{xb} = 1.5$,$R_r = 66.5$,$R_x = 51.5$,求该蔬菜中维生素 B$_2$ 的含量(μg/mg)。

ER-06章习题

拓展资源

荧光分光光度仪器的维护

荧光分光光度计光学部件的故障,一定要请专门人员进行检修。 仪器在使用过程中还应注意以下问题:

1. 电源　供电电压必须与灯的要求相符,应确认正负极位置。 触发电压、工作电流及电源的稳定等须符合仪器的规定。

2. 光源　启动后需预热 20 分钟，待光源稳定发光后再进行测试。 若光源熄灭，需等灯管冷却后再启动，以延长灯的寿命。 灯及其窗口必须保持高度清洁，应无荧光物质污染。

3. 单色器　注意防潮、防尘、防污和防机械损伤。 单色器出现故障，应严格按仪器说明书规定进行检修或请专人检修。

4. 光电倍增管　注意防潮和防尘。 加上高压时切不可受外来光线直接照射，以免缩短使用寿命或降低其灵敏度。

5. 吸收池　荧光吸收池的清洁或透光面擦洗时应与插放为同一个方向。 使用后的吸收池最好用硝酸处理，于无尘处晾干备用，不可加热烘干。 新吸收池可使用 3mol/L 盐酸和 50% 乙醇混合液浸泡。

（程永杰）

第七章

色谱分析法导论

ER-07章PPT

导学情景 ∨ ....

情景描述

　　20世纪初，俄国植物学家Tswett在研究植物叶子色素组成时做了一个著名实验。他将碳酸钙粉末放在竖立的玻璃管中，从顶端注入植物色素的提取液，然后不断加入石油醚冲洗。结果发现，植物色素慢慢地向下移动并逐渐分散成数条不同颜色的色带。这种分离方法被Tswett命名为色谱法。

学前导语

　　这就是色谱法的发现。实验中的玻璃管为色谱柱，碳酸钙粉末为固定相，石油醚为流动相。此后，随着色谱法的飞速发展，其不仅应用于有色物质的分离，且更多应用于无色物质分离，但色谱法的名称一直沿用至今。本章将介绍色谱发生过程、基本原理等色谱法基本知识。

第一节　色谱分析法概述

　　色谱分析法简称色谱法（chromatography），是利用物质在做相对运动的两相之间反复多次的分配过程而产生差速迁移，从而实现混合物的分离分析的方法。

一、色谱分析法及其分类

（一）色谱过程

　　实现色谱分离的基本条件是必须具备相对运动的两相，其中一相固定不动，即固定相（stationary phase），另一相是携带试样向前移动的流动体，即流动相（mobile phase）。固定相可以是固体，也可以是液体；流动相可以是气体，也可以是液体或超临界流体。混合组分随流动相经过固定相时，会与固定相发生相互作用。由于混合物结构与性质不同，各组分与固定相作用类型、强度均不同，在固定相上保留程度不同，即被流动相携带向前移动的速度不等，产生差速迁移，从而实现混合组分分离。色谱分离过程见图7-1。

（二）色谱法分类

　　1. 按两相状态分类　色谱法的流动相可以是气体、液体或超临界流体，相应的色谱法可分为气相色谱法（gas chromatography，GC）、液相色谱法（liquid chromatography，LC）和超临界流体色谱法（su-

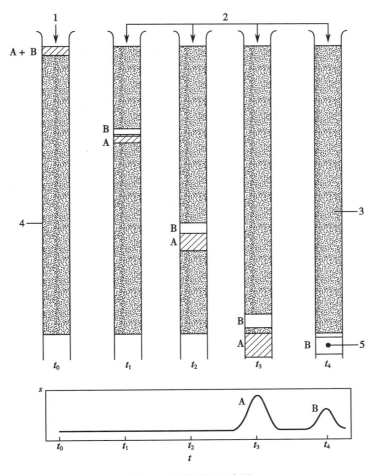

图 7-1　色谱过程示意图
1. 试样　2. 流动相　3. 固定相　4. 色谱柱　5. 检测器

percritical fluid chromatography, SFC）。色谱法的固定相可以是固体或液体,相应的气相色谱法又可分为气-固色谱法和气-液色谱法,相应的液相色谱法则可分为液-固色谱法和液-液色谱法。

2. 按分离机制分类　根据其分离机制不同,可分为吸附色谱法、分配色谱法、离子交换色谱法、分子排阻色谱法。

（1）吸附色谱法:利用被分离物质在吸附剂上吸附能力不同,用溶剂或气体洗脱使组分分离。常用的吸附剂有氧化铝、硅胶、聚酰胺等有吸附活性的物质。

（2）分配色谱法:利用被分离物质在两相中分配系数不同使组分分离。常用的载体有硅胶、硅藻土、硅镁型吸附剂与纤维素粉等。

（3）离子交换色谱法:利用被分离物质在离子交换树脂上交换能力的不同使组分分离。常用的树脂有不同强度的阳离子交换树脂、阴离子交换树脂,流动相为水或含有机溶剂的缓冲液。

（4）分子排阻色谱法:又称凝胶色谱法,是利用被分离物质分子大小的不同导致在填料上渗透程度不同使组分分离。常用的填料有分子筛、葡聚糖凝胶、微孔聚合物、微孔硅胶或玻璃珠等,根据固定相和供试品的性质选用水或有机溶剂作为流动相。

3. 按操作形式分类　按固定相的操作形式可分为柱色谱法和平面色谱法。

（1）柱色谱法：将固定相装于柱管内,流动相通过重力或加压作用流经固定相。

（2）平面色谱法：将固定相涂布于平面载板上或附着在纸纤维或基质膜上,混合组分被流动相携带通过毛细管或加压作用流经固定相实现分离。平面色谱法又分为纸色谱法(paper chromatography,PC)和薄层色谱法(thin layer chromatography,TLC)。

二、色谱分析法的应用及发展趋势

色谱法从20世纪初发明以来,经历了整整一个世纪的发展,今天已经成为最重要的分离分析科学,广泛应用于医药、化工、材料和环境等诸多领域,是复杂混合物最重要的分离分析方法。色谱法兼具分离分析功能,且选择性好、分离效能高、灵敏度高、分析速度快。

目前的发展主要集中在新固定相、检测方法、色谱新方法研究等方面。色谱柱是色谱分离的核心,开发新型或高性能的固定相,可不断扩充色谱法的应用领域,提高分离能力。如在常规液相色谱体系中使用$3\mu m$或$3.5\mu m$填料时,可在获得较快分析速度的同时,节省溶剂。新型检测器的研制也在不断发展,如蒸发光检测器的应用,弥补了紫外检测器的不足,为在紫外可见光区无明显吸收的物质,提供了一个有效的高灵敏度检测方法。近年来色谱和其他仪器联用技术的不断发展,如色谱-光谱联用、色谱-色谱联用,弥补了色谱法对未知物不易确切定性的不足,特别是液相色谱和毛细管电泳与电喷雾质谱的联用技术近年已趋于成熟,它将对生物大分子的分离和鉴定发挥极大的作用。在色谱新方法研究方面,基于电分离方面的研究是热点之一。高效毛细管电泳法是目前研究最多的色谱新方法,这种方法没有流动相和固定相的区分,而是依靠外加电场的驱动令带电离子在毛细管中沿电场方向移动,由于离子的带电状况、质量、形态等的差异使不同离子相互分离,能够达到很高的理论板数,有极好的分离效果。

知识链接

色谱技术在食品、农产品及化妆品检测领域广泛应用

在食品安全检测中,色谱-质谱联用技术得到了广泛应用。如采用气相色谱-质谱法测定酱油中的水解植物蛋白、液相色谱-质谱法测定坚果等食品中的黄曲霉素,以保障食品安全。在农产品检测中,使用比较多的是气相色谱法,该法可有效识别有机污染物,并对农产品中的药物、氯、磷等成分进行定量测定。液相色谱法主要适用于稳定性弱、难挥发且沸点高的复杂物质,如农产品中高聚物以及离子化合物等物质的测定,如甲胺磷化合物。在化妆品检测中,超高效液相色谱法由于其节能、环保、高效等特点,用于检测禁用药物(抗生素、激素等)、限用物质(防腐剂、防晒剂、染发剂等)和功效成分(育发类、护肤类)。

点滴积累 ∨

1. 色谱分离必备两相　固定相、流动相。

2. 色谱分类　按两相状态分为气相色谱法和液相色谱法;按分离机制分为吸附色谱法、分配色谱法、离子交换色谱法、分子排阻色谱法;按固定相操作形式分为柱色谱法和平面色谱法。

第二节 色谱分析法的基本原理

一、色谱法基本原理

色谱分析首先要解决的是组分的分离问题,只有组分分离后才能进行定性定量分析。依据分离机制不同,色谱法分为分配、吸附、离子交换、分子排阻色谱法,其分离原理分别如下所述。

(一) 分配色谱法

利用样品中不同组分在固定相和流动相中溶解度的差别而实现分离,见图 7-2。分配色谱法的原理与液-液萃取基本相同,只是这种分配在相对移动的两相间重复多次进行,各组分产生差速迁移,实现分离。

分配色谱法的固定相是涂布在惰性载体上的一薄层液体,称之为固定液。气-液分配色谱法的流动相是气体,常用氢气或氮气。液-液分配色谱法的流动相是与固定液不相溶的液体,且根据固定相和流动相的极性相对强度,可分为正相分配色谱法和反相分配色谱法。流动相极性弱于固定相极性,称为正相色谱法;流动相极性强于固定相极性,称为反相色谱法。硅胶常作为一种吸附剂,当其含水量超过 17% 时,其吸附力极弱,只作为载体用,其上面所吸附的水分即是分配色谱的固定液。

(二) 吸附色谱法

利用样品中不同组分对固定相表面活性吸附中心的吸附能力差别而实现分离,见图 7-3。包括气-固吸附色谱法和液-固吸附色谱法。

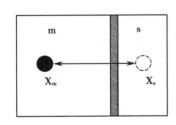

图 7-2 分配色谱示意图
m:流动相 s:固定相 X:试样分子

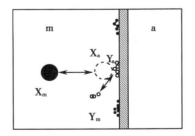

图 7-3 吸附色谱示意图
m:流动相 a:吸附剂 X:试样分子 Y:流动相分子

吸附色谱法的固定相即吸附剂,通常是多孔性微粒性物质,具有较大的比表面积,在其表面有许多吸附中心。常用的吸附剂有硅胶、氧化铝、聚酰胺等,其中硅胶应用最为广泛,表面硅醇基为吸附中心。

气-固吸附色谱法的流动相为气体,常用氢气或氮气。液-固吸附色谱法的流动相为有机溶剂。强极性流动相占据吸附中心能力强,洗脱能力强。以单一溶剂为流动相不能解决复杂样品的分离,故在液-固吸附色谱法中,常采用两种或两种以上溶剂按比例混合作为流动相。

(三) 离子交换色谱法

利用样品组分离子对离子交换剂的亲和能力的差别而实现分离,见图 7-4。按可交换离子的电荷符号又可分为阳离子交换色谱法和阴离子交换色谱法。

离子交换色谱法的固定相是离子交换剂,常用的有离子交换树脂和化学键合离子交换剂。离子交换树脂易膨胀,传质慢,柱效低,不耐压。化学键合离子交换剂机械强度高,耐高压,不溶胀,传质快,柱效高。流动相是具有一定 pH 和离子强度的缓冲液,其中可含有少量有机溶剂,如乙醇、四氢呋喃、乙腈等。

(四) 分子排阻色谱法

根据被分离组分分子的线团尺寸不同而进行分离,见图7-5。

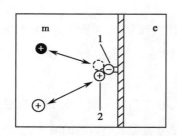

图7-4　阳离子交换色谱示意图
m:流动相　e:离子交换剂　1:固定
离子　2:可交换离子

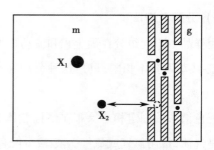

图7-5　分子排阻色谱示意图
m:流动相　g:凝胶　X_1、X_2:大小不同的
分子

分子排阻色谱法的固定相为多孔凝胶,一般分为软质、半软质和硬质凝胶。流动相必须能够溶解样品,同时还必须能润湿凝胶,黏度要低。水溶性样品应选择水溶液为流动相,非水溶性样品应选择四氢呋喃、三氯甲烷、甲苯和二甲基甲酰胺等有机溶剂为流动相。

二、色谱法基本理论

(一) 塔板理论

马丁和辛格于1941年提出了塔板理论。该理论把色谱柱比拟为分馏塔,假想在塔内试样中的组分在流动相和固定相之间分配并达到平衡,达到分配平衡的每一小段柱长为一个理论塔板高度 H。试样中的不同组分经过多次的分配平衡后,分配系数小的组分先到达塔顶,即先流出色谱柱。

根据塔板理论基本假设,色谱柱的柱效可用理论板数(n)和理论塔板高度(H)来衡量:$n=L/H$。理论板数与色谱参数之间的关系为:

$$n=16(t_R/W)^2 \text{ 或 } n=5.54(t_R/W_{h/2})^2 \qquad \text{式(7-1)}$$

式中,n 为理论板数;t_R 为保留时间;$W_{h/2}$ 为半峰宽;W 为峰宽。

t_R、W、$W_{h/2}$ 可用时间或长度计,但应取相同单位。一般色谱仪工作站会自动计算,不必自行计算。

由于组分在死时间(t_0)内不参与柱内分配,所以需要以调整保留时间 t_R' 代替保留时间 t_R,用有效塔板数(n_{eff})和有效塔板高度(H_{eff})作为准确评价柱效的指标。

$$n_{\mathrm{eff}} = 5.54 \, (t'_{\mathrm{R}}/W_{\mathrm{h/2}})^2 = 16 \, (t'_{\mathrm{R}}/W)^2 \qquad \text{式(7-2)}$$

由理论板数与色谱参数之间的关系可知色谱峰越窄,塔板数越多,理论塔板高度越小,柱效能越高。

(二) 速率理论

荷兰学者范第姆特等人于 1956 年在塔板理论的基础上建立了色谱过程的动力学理论,即速率理论,阐述了塔板高度(H)与载气线速度(u)的关系,提出了范第姆特方程:

$$H = A + B/u + C \cdot u \qquad \text{式(7-3)}$$

式中,A、B、C 分别为涡流扩散系数、纵向扩散系数和传质阻抗系数,是常数;u 为流动相的线速度,单位为 cm/s。

由塔板理论已知,塔板高度越小,柱效越高,对组分的分离效果越好,反之则柱效越低,色谱峰变宽。下面分别讨论 u 一定时上述各项参数对柱效的影响。

1. 涡流扩散项　又称多径扩散。在填充色谱柱中,由于填料粒径大小不等,填充不均匀,使同一个组分的不同分子经过多个不同长度的途径流出色谱柱,一些分子沿较短的路径运行,较快通过色谱柱;另一些分子沿较长的路径运行,发生滞后,结果使色谱峰展宽。

$$A = 2\lambda d_{\mathrm{p}} \qquad \text{式(7-4)}$$

式中,λ 为填充不规则因子,填充越均匀,λ 越小;d_{p} 为固定相颗粒的平均直径。由式(7-4)可知,使用适当粒度和颗粒均匀的固定相,并尽量填充均匀减小 λ,可减少 A,提高柱效。对于空心毛细管柱,$A = 0$。

2. 纵向扩散项　又称分子扩散。组分进入色谱柱时,是以"塞子"的形式存在于色谱柱的很小一段空间中,由于浓度梯度的存在,组分将向"塞子"前、后扩散,造成色谱峰展宽。

$$B = 2\gamma D_{\mathrm{m}} \qquad \text{式(7-5)}$$

式中,γ 为扩散阻碍因子;D_{m} 为组分在流动相中的扩散系数。纵向扩散项与分子在流动相中停留的时间及扩散系数成正比,在填充柱中填料对分子的扩散有障碍 $\gamma < 1$,毛细管柱中扩散无障碍 $\gamma = 1$。组分在流动相中的扩散系数 D_{m} 与流动相和组分的性质及柱温有关。

3. 传质阻抗　试样被流动相带入色谱柱后,组分分子在两相间溶解、扩散、平衡的过程称为传质过程,影响这个过程进行速度的阻力,称为传质阻抗。由于传质阻抗的存在,组分不能在两相间瞬间达到平衡,即色谱柱总是在非平衡状态下工作,有些分子随流动相向前移动较快,而另一些分子则滞后,从而引起峰展宽。

传质阻抗的大小用传质系数 C 来表示,它是由固定相传质阻抗系数(C_{s})与流动相传质阻抗系数(C_{m})组成。

以上叙述表明,固定相的填充均匀程度、粒度、流动相的流速、柱温等对柱效均有影响,而很多因素又是相互制约的,要提高柱效就要考虑各因素的影响,通过实验来选择合适的操作条件。

三、色谱图及常用术语

（一）色谱图

经色谱柱分离后的各组分随流动相依次进入检测器,检测器随流动相中各组分浓度或质量的变化转变为可测量的电信号,记录此信号强度随时间变化的曲线,称为色谱流出曲线,又称为色谱图（chromatogram）,见图7-6。

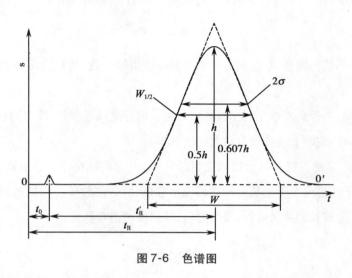

图7-6　色谱图

1. 基线　仅有流动相通过检测器时,所得到的流出曲线称为基线。基线可以反映仪器及操作条件的恒定程度。稳定的基线是一条平行于时间轴的直线。

2. 色谱峰　色谱流出曲线上的突起部分称为色谱峰。正常色谱峰为对称形正态分布曲线。不正常色谱峰有拖尾峰和前延峰。拖尾峰前沿陡峭,后沿平缓;前延峰前沿平缓,后沿陡峭。

3. 峰高（h）　色谱峰顶点与基线之间的垂直距离。

4. 峰面积（A）　色谱峰曲线与基线间包围的面积。峰高和峰面积常用于定量分析。

5. 标准差（σ）　正态色谱流出曲线上两拐点间距离之半。对于正常色谱峰,σ 为 0.607 倍峰高处的峰宽之半。

6. 半峰宽（$W_{h/2}$）　峰高一半处的峰宽。

7. 峰宽（W）　通过色谱峰两侧拐点作切线,在基线上所截得的距离。

（二）保留值

1. 保留时间（t_R）　从进样到某组分在柱后出现浓度极大时的时间间隔,即从进样开始到某组分的色谱峰顶点的时间间隔。保留时间是色谱法的基本定性参数。

2. 死时间（t_0）　不被固定相保留的组分（流动相）从进样到其在柱后出现浓度极大时的时间间隔。

3. 调整保留时间（t_R'）　某组分由于与固定相发生作用而被固定相保留,比不被固定相保留的组分在色谱柱中多停留的时间。在实验条件一定时,调整保留时间仅取决于组分的性质,是常用的色谱定性参数之一。

$$t'_R = t_R - t_0 \qquad\qquad 式(7\text{-}6)$$

4. 保留体积(V_R)　从进样开始到某组分在柱后出现浓度极大时所需通过色谱柱的流动相体积。

5. 死体积(V_0)　由进样器至检测器的流路中未被固定相占有的空间体积。死体积是色谱柱中从进样器到色谱柱间导管的容积、固定相的孔隙及颗粒间隙、柱出口导管及检测器内腔容积的总和。

6. 调整保留体积(V'_R)　由保留体积扣除死体积后的体积。

$$V'_R = V_R - V_0 \qquad\qquad 式(7\text{-}7)$$

7. 相对保留值($r_{2,1}$或α)　两组分调整保留值之比,是色谱系统的选择性指标。α 总是大于 1,α 越大,表示固定相或色谱柱对分离混合物的选择性强。

$$r_{2,1}(即\ \alpha) = \frac{t'_{R_2}}{t'_{R_1}} = \frac{V'_{R_2}}{V'_{R_1}} \qquad\qquad 式(7\text{-}8)$$

▶▶ **课堂活动**

色谱法中用于定性鉴别的参数是什么?　用于定量测定的参数是什么?

（三）分配系数与容量因子

1. 分配系数(K)　在一定温度和压力下,组分在两相中达到分配平衡后,其在固定相和流动相中的浓度之比,即:

$$K = \frac{c_s}{c_m} \qquad\qquad 式(7\text{-}9)$$

式中,c_s 和 c_m 分别为组分在固定相和流动相中的浓度。分配系数仅与组分、固定相和流动相的性质及温度有关。在一定条件下(固定相、流动相、温度)下,分配系数是组分的特征常数。

2. 容量因子(k)　在一定温度和压力下,组分在两相中达到分配平衡后,其在固定相和流动相中的质量之比,即:

$$k = \frac{m_s}{m_m} \qquad\qquad 式(7\text{-}10)$$

式中,m_s 和 m_m 分别为组分在固定相和流动相中的质量。

（四）分离度

分离度(resolution,R)是描述相邻两组分在色谱柱中分离情况的参数,是色谱柱总分离效能指标,见图7-7,其定义式为:

$$R = \frac{2(t_{R_2} - t_{R_1})}{W_1 + W_2} \qquad\qquad 式(7\text{-}11)$$

式中,t_{R_1}、t_{R_2} 分别为组分 1、2 的保留时间,W_1、W_2 分别为组分 1、2 的色谱峰宽。R 越大表明相邻两组

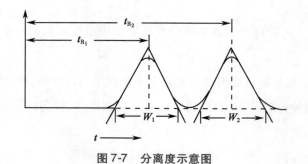

图7-7　分离度示意图

分分离越好。

平面色谱中,以两相邻斑点中心距离与两斑点平均宽度的比值计算分离度,即:

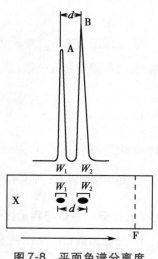

$$R = \frac{2d}{(W_1 + W_2)} \qquad \text{式（7-12）}$$

式中,d 为两斑点中心间的距离,W_1、W_2 为两斑点的宽度;在薄层扫描图上,d 为两色谱峰顶间距离,W_1、W_2 为两色谱峰宽,见图7-8。

（五）比移值(R_f)

比移值是表征平面色谱图上斑点位置的基本参数,也是平面色谱法用于定性分析的基本参数。详见第八章。

图7-8　平面色谱分离度示意图

点滴积累 ∨ ....

1. 色谱法基本原理　分配色谱法利用组分溶解度差别而实现分离;吸附色谱法利用组分吸附能力差别而实现分离;离子交换色谱法利用组分对离子交换剂亲和能力差别而实现分离;分子排阻色谱法根据组分线团尺寸差别而实现分离。

2. 色谱图　显示被分离组分从色谱柱流出,浓度随时间的变化。横坐标为时间,纵坐标为组分在流动相中浓度或检测器相应信号大小。

3. 相关术语　基线、色谱峰、峰高(h)、峰面积(A)、半峰宽($W_{h/2}$)、峰宽(W)、保留时间(t_R)、分配系数(K)、分离度(R)。

第三节　色谱法系统适用性试验

一、系统适用性试验及意义

按照《中国药典》要求,色谱法用于药物分析时,需按各品种项下要求对色谱系统进行适用性试验,即用规定的对照品溶液或系统适用性试验溶液在规定的色谱系统进行试验,以判定所用色谱系统是否符合规定的要求。必要时,可以对色谱系统进行适当调整,以符合要求。

二、系统适用性试验内容

气相色谱法和高效液相色谱法中系统适用性试验通常包括理论板数、分离度、灵敏度、拖尾因子和重复性等五个参数。

(一) 色谱柱的理论板数(n)

用于评价色谱柱的分离效能。由于不同物质在同一色谱柱上的色谱行为不同,采用理论板数作为衡量色谱柱效能的指标时,应指明测定物质,一般为待测物质或内标物质的理论板数。在规定的色谱条件下,注入供试品溶液或各品种项下规定的内标物质溶液,记录色谱图,量出供试品主成分色谱峰或内标物质色谱峰的保留时间 t_R 和峰宽(W)或半峰宽($W_{h/2}$),按式(7-1)计算色谱柱的理论板数。

(二) 分离度(R)

用于评价待测物质与被分离物质之间的分离程度,是衡量色谱系统分离效能的关键指标。可以通过测定待测物质与已知杂质的分离度,也可以通过测定待测物质与某一指标性成分(内标物质或其他难分离物质)的分离度,或将供试品或对照品用适当的方法降解,通过测定待测物质与某一降解产物的分离度,对色谱系统分离效能进行评价与调整。

无论是定性鉴别还是定量测定,均要求待测物质色谱峰与内标物质色谱峰或特定的杂质对照色谱峰及其他色谱峰之间有较好的分离度。除另有规定外,待测物质色谱峰与相邻色谱峰之间的分离度应大于1.5。

(三) 灵敏度

用于评价色谱系统检测微量物质的能力,通常以信噪比(S/N)来表示。通过测定一系列不同浓度的供试品或对照品溶液来测定信噪比。定量测定时,信噪比应不小于10;定性测定时,信噪比应不小于3。系统适用性试验中可以设置灵敏度实验溶液来评价色谱系统的检测能力。

(四) 拖尾因子(T)

用于评价色谱峰的对称性。拖尾因子计算公式为:

$$T = \frac{W_{0.05h}}{2d_1}$$

式(7-13)

式中,$W_{0.05h}$ 为5%峰高处的峰宽;d_1 为峰顶在5%峰高处横坐标平行线的投影点至峰前沿与此平行线交点的距离,见图7-9。

以峰高作定量参数时,除另有规定外,T 值应在0.95~1.05之间。以峰面积作定量参数时,一般的峰拖尾或前延不会影响峰面积积分,但严重拖尾会影响基线和色谱峰起止的判断和峰面积积分的准确性,此时应对拖尾因子做出规定。

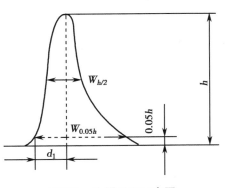

图7-9　拖尾因子示意图

（五）重复性

用于评价色谱系统连续进样时响应值的重复性能。采用外标法时，通常取各品种项下的对照品溶液，连续进样 5 次，除另有规定外，其峰面积测量值的相对标准偏差应不大于 2.0% ；采用内标法时，通常配制相当于 80% 、100% 和 120% 的对照品溶液，加入规定量的内标溶液，配成 3 种不同浓度的溶液，分别至少进样 2 次，计算平均校正因子，其相对标准偏差应不大于 2.0% 。

点滴积累 ∨

系统适用性试验

内容	意义	计算方法	参考数值
理论板数(n)	评价色谱柱分离效能	$n=16(t_R/W)^2$ $n=5.54(t_R/W_{h/2})^2$	—
分离度(R)	评价两组分分离程度	$R=\dfrac{2(t_{R_2}-t_{R_1})}{W_1+W_2}$	>1.5
灵敏度	评价系统检测微量物质的能力	信噪比(S/N)	≥10(定量)；≥3(定性)
拖尾因子(T)	评价色谱峰的对称性	$T=\dfrac{W_{0.05h}}{2d_1}$	0.95 ~ 1.05
重复性	评价系统连续进样时响应值的重复性能	峰面积、平均校正因子 RSD	≤2.0%

复习导图

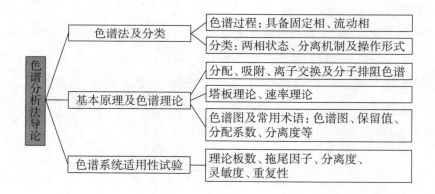

色谱分析法导论
- 色谱法及分类
  - 色谱过程：具备固定相、流动相
  - 分类：两相状态、分离机制及操作形式
- 基本原理及色谱理论
  - 分配、吸附、离子交换及分子排阻色谱
  - 塔板理论、速率理论
  - 色谱图及常用术语：色谱图、保留值、分配系数、分离度等
- 色谱系统适用性试验
  - 理论板数、拖尾因子、分离度、灵敏度、重复性

目标检测

一、选择题

（一）单项选择题

1. 用于表征色谱柱柱效的参数是（　　）

　　A. 分离度　　　B. 理论板数　　　C. 拖尾因子　　　D. 保留时间　　　E. 峰宽

2. 用于表征色谱系统分离效能的参数是（　　）

　　A. 保留时间　　B. 峰宽　　　　C. 理论板数　　　D. 分离度　　　E. 拖尾因子

3. 用于评价色谱峰对称性的参数是（　　　）

　　A. 峰宽　　　　B. 半峰宽　　　C. 保留时间　　D. 死时间　　　E. 拖尾因子

4. 用于评价连续进样时系统响应值的重复性能的参数是（　　　）

　　A. 分离度　　　B. 拖尾因子　　C. 灵敏度　　　D. 重复性　　　E. 理论板数

5. 硅胶薄层色谱法属于（　　　）

　　A. 分配色谱　　　　　　　B. 吸附色谱　　　　　　　C. 离子交换色谱

　　D. 分子排阻色谱　　　　　E. 柱色谱

6. 两种成分实现分离的前提是（　　　）不同

　　A. 峰宽　　　　B. 峰面积　　　C. 分配系数　　D. 死时间　　　E. 分离度

7. 以下哪一项不是系统适用性试验内容（　　　）

　　A. 比移值　　　B. 理论板数　　C. 分离度　　　D. 保留时间　　E. 拖尾因子

（二）多项选择题

1. 色谱法中，可用于鉴别的参数是（　　　）

　　A. 保留时间　　　　　　　B. 调整保留时间　　　　　C. 比移值

　　D. 峰高　　　　　　　　　E. 峰面积

2. 色谱法中，可用于定量的参数是（　　　）

　　A. 保留时间　　　　　　　B. 调整保留时间　　　　　C. 比移值

　　D. 峰高　　　　　　　　　E. 峰面积

3. 以下关于分离度的说法正确的是（　　　）

　　A. 是相邻两组分在色谱柱中分离情况的参数

　　B. 是色谱柱总分离效能指标

　　C. 一般要求 $R \geq 1.5$

　　D. $R = \dfrac{2(t_{R_2} - t_{R_1})}{W_1 + W_2}$

　　E. 反映了两组分在色谱柱中分离情况

4. 系统适用性实验内容包括（　　　）

　　A. 理论板数　　　B. 分离度　　　C. 拖尾因子　　D. 重复性　　　E. 灵敏度

二、简答题

1. 按照分离机制不同，色谱法可分为哪几种？

2. 液相色谱法中，提高分离度的方法有哪些？

拓展资源

毛细管电泳简介

　　毛细管电泳（capillary electrophoresis，CE）是以高压直流电场为驱动力，毛细管为分离通道，根据样品中各组分的电泳和分配行为的差异而实现分离的一类分离技术。 具有操作简单、分离效率高、样品用量少、运行成本低等优点。 与高效液相色谱法相比，毛细管电泳法的柱效更高，故也称高效毛细管电泳法（high performance capillary electrophoresis，HPCE），其特点可以概括为"高效、低耗、快速、应用广泛"。 但检测灵敏度、精密度和制备性能不如高效液相色谱法。 在很大程度上，毛细管电泳和高效液相色谱法可互为补充。 广泛用于离子型生物大分子的分析、DNA 序列和 DNA 合成中产物纯度的测定、单个细胞和病毒的分析、中性化合物的分析等。

（王文洁）

第八章

薄层色谱法

ER-08章PPT

导学情景 ∨

情景描述

　　大学生参加开放实验，他们分别用毛细管蘸取花椒的样品溶液和对照药材溶液，点到一块铺有硅胶 G 的玻璃板上，然后放到装有溶剂的容器中，密闭展开一段时间后，取出玻璃板晾干，用紫外分析仪（365nm）检测，同学们惊奇地发现板上相同高度处显示两个红色荧光斑点。

学前导语

　　这就是薄层色谱法，是色谱法中应用最广泛的方法之一。　上述操作过程就是采用薄层色谱技术将花椒粉末所得的谱图与对照药材按同法所得的谱图对比，进行真伪鉴别。　本章将介绍薄层色谱法的基本原理和操作技术，为今后学好专业课及做好药品检验工作打下基础。

　　薄层色谱法（thin layer chromatography，TLC）是将固定相涂布于玻璃或其他平板上，形成均匀薄层，经点样、展开与显色后，进行色谱分离分析的方法。

　　薄层色谱法具有以下特点：

　　（1）分离能力强：对被分离物质性质没有限制。

　　（2）灵敏度高：能检出几微克甚至几十纳克的物质。

　　（3）展开时间短：一般只需十至几十分钟。

　　（4）上样量比较大：可点成点或点成条状。

　　（5）操作方便：所用仪器简单，一次可以同时展开多个试样。

　　另外还有试样预处理简单、用途广泛等特点，因此在实际工作中是一种极为有用的分离分析技术，已广泛用于药品的鉴别、检查或含量测定。

第一节　薄层色谱法原理

　　薄层色谱法按所使用固定相的性质及分离机制，可分为吸附色谱法、分配色谱法、离子交换色谱法和分子排阻色谱法，其中吸附色谱法应用最广泛。按分离效能，薄层色谱法又可分为经典薄层色谱法和高效薄层色谱法。本章主要讨论吸附薄层色谱法。

一、吸附薄层色谱法

固定相为吸附剂的薄层色谱法称为吸附薄层色谱法。在吸附薄层色谱法中,固定相主要是吸附剂,如硅胶、氧化铝等,将吸附剂均匀涂布在具有光滑表面的玻璃板、塑料板或铝板表面上形成薄层,称薄层板或称薄板。

(一) 基本原理

利用混合物中各组分的物理化学性质的差别,展开过程中在固定相(吸附剂)和流动相(展开剂)中的分布不同,从而达到分离目的。分离过程见图 8-1。

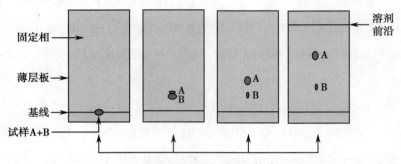

图 8-1　薄层色谱过程示意图

将待分离样品溶液(假设含 A、B 两个极性不同的组分)点在薄层板的一端,在密闭容器中用适宜的溶剂(展开剂)展开,混合物中 A、B 两组分被吸附剂吸附的能力不同(极性大的物质被吸附力强,极性小的物质被吸附力弱),当展开剂流过时,两组分又被展开剂所溶解而解吸附。这样,A、B 两组分将在吸附剂和展开剂之间发生连续不断地吸附、解吸附、再吸附、再解吸附。易被吸附的物质(极性大、与固定相作用强的物质)相对移动较慢,在薄层板上移动的距离就小;反之,较难被吸附的物质(极性小、与固定相作用弱的物质)相对移动较快,在薄层板上移动的距离则大。这一过程在薄层板上反复无数次,从而使各组分移动的速度产生差异,不同物质则彼此被分开,最终实现分离。

(二) 定性参数

薄层色谱法的定性参数包括比移值与相对比移值。

1. 比移值(R_f)　是指从基线至展开斑点中心的距离与从基线至展开剂前沿的距离之比。R_f 值是薄层色谱法定性的重要参数,用于描述各组分在薄层板上的斑点位置。计算公式如下:

$$R_f = \frac{基线到组分斑点中心的距离}{基线到溶剂前沿的距离} \qquad 式(8\text{-}1)$$

如图 8-1 所示,A、B 两组分的比移值分别为:

$$R_{f(A)} = \frac{a}{c} \qquad R_{f(B)} = \frac{b}{c}$$

当色谱条件一定时,组分的 R_f 值是个常数,其值为 0 ~ 1。当 R_f 值为 0 时,表示组分不随展开剂展开,停留在原点;当 R_f 值为 1 时,表示组分完全不被固定相所保留,即组分随展开剂同步展开至溶剂前沿。实验证明,各组分的 R_f 值以在 0.2~0.8 之间为宜,以在 0.3~0.5 之间为最佳范围。

但在实践中,由于 R_f 值受较多因素影响,想得到重复的 R_f 值较为困难。因此,采用相对比移值(R_s)重现性和可比性均比 R_f 值好,可以消除一些系统误差。

2. 相对比移值(R_s) 是指从基线至试样斑点中心的距离与从基线至对照品斑点中心的距离之比。计算公式如下:

$$\omega_i = \frac{A_i}{A_1 + A_2 + \cdots + A_n} \times 100\% \qquad 式(8-2)$$

图 8-2 中,若以组分 A 为对照品,组分 B 为试样,则 $R_s = \dfrac{b}{a}$

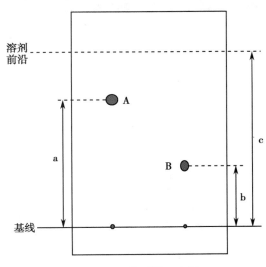

图 8-2　R_f 值测量示意图

用相对比移值 R_s 定性时,必须要有对照品。对照品可以是加入试样中的纯物质,也可以是试样中的某一已知组分。与 R_f 值不同,R_s 值可以大于 1。

▶▶ **课堂活动**

如果物质 A 和 B 在同一薄层板上的相对比移值为 1.5。展开后,物质 B 斑点距基线 10cm,溶剂前沿距基线为 20cm。若以 A 为对照品,请计算物质 A 的比移值?

二、吸附剂的选择

吸附薄层色谱法的固定相称为吸附剂。吸附剂选择的是否适当,将会影响分离工作能否顺利进行。

(一)吸附剂的种类

吸附剂按照性质可分为有机吸附剂(如聚酰胺、纤维素和葡聚糖等)和无机吸附剂(如氧化铝、硅胶、磷酸钙、磷酸镁等)。最常用的吸附剂有硅胶、氧化铝,它们的吸附性能好,适用于多种化合物的分离。

1. 硅胶 表面带有硅醇基(—Si—OH),呈弱酸性,通过硅醇基(吸附中心)与极性基团形成氢键表现其吸附性能。由于各组分的极性基团与硅醇基形成氢键的能力不同,导致各组分被分离。

常用硅胶有硅胶 H、硅胶 G、硅胶 GF_{254} 和硅胶 HF_{254} 等。G、H 表示含或不含石膏黏合剂。F_{254} 为在紫外光 254nm 波长下显绿色背景的荧光剂。硅胶的活性与含水量有关,含水量高,则吸附力弱。将硅胶在 105~110℃加热 30 分钟,则可除去硅胶可逆吸附的自由水,使硅胶的吸附力增加,这一过程称为"活化"。

2. 氧化铝 因制备和处理方法不同,氧化铝可分为碱性(pH 9.0)、中性(pH 7.5)和酸性(pH 4.0)三种。氧化铝的活性也与含水量有关,含水量越高,活性越弱。

硅胶和氧化铝的吸附活性均与含水量有关,根据含水量可以分为五个活度等级,见表 8-1。

表8-1 硅胶和氧化铝的活度与含水量的关系

硅胶含水量（%）	氧化铝含水量（%）	活度级	吸附活性
0	0	I	大
5	3	II	
15	6	III	
25	10	IV	
38	15	V	小

由表8-1可见，硅胶和氧化铝含水量越高，其活度级数越高，吸附活性越低。因此，可以采用活化或失活的方法控制吸附剂的活性。

（二）吸附剂的选择

吸附剂的选择主要考虑被分离物质的性质和吸附剂的吸附能力两方面因素。采用硅胶为吸附剂时，硅胶表面的 pH 约为5，一般适合分离酸性或中性物质，如有机酸、酚类等，而碱性物质能与硅胶作用，展开时易被吸附、拖尾、甚至停留在原点不动。采用氧化铝为吸附剂时，碱性氧化铝用来分离中性或碱性化合物，如生物碱、脂溶性维生素等；中性氧化铝用来分离醛、酮或对酸、碱不稳定的酯和内酯等化合物；酸性氧化铝用来分离酸性化合物。

一般情况下，被分离物质极性强，则选择吸附能力弱的吸附剂；被分离物质极性弱，则选择吸附能力强的吸附剂。

三、展开剂的选择

展开剂的选择是薄层色谱分离成功的重要条件之一。在吸附薄层色谱法中，选择展开剂的一般原则应根据被分离组分的极性、展开剂的极性和吸附剂的活性来决定。

Stahl 根据上述三个因素设计了一个选择吸附薄层色谱条件的简图（图8-3）。

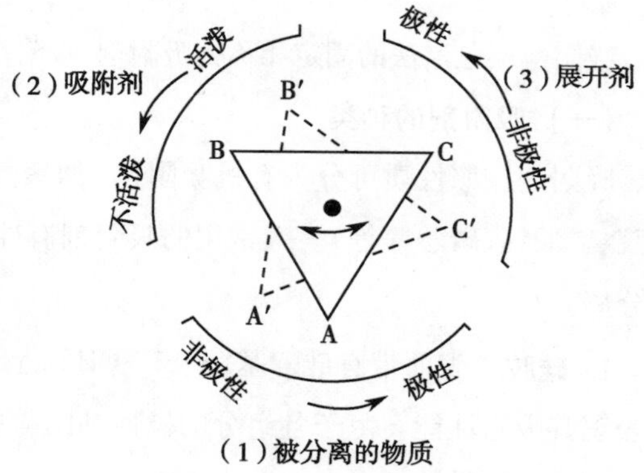

从图中可见，圆中的三角形 A 角指向极性，则 B 角指向活性小的吸附剂，C 角则指向极性展开剂，以此类推。一般情况下，物质的极性和吸附剂的活性均已固定，可选择的只有不同极性的展开剂。

图8-3 吸附薄层色谱条件选择示意图

薄层色谱法中常用的溶剂，按极性由强到弱的顺序是：水>酸>吡啶>甲醇>乙醇>正丙醇>丙酮>乙酸乙酯>乙醚>氯仿>二氯甲烷>甲苯>苯>三氯乙烷>四氯化碳>环己烷>石油醚。

在薄层色谱法中，通常先用单一溶剂展开，若 R_f 值太小，甚至是停留在基线，则应增大展开剂的极性，可加入适量极性大的溶剂，如乙醇、丙酮等，并调整其加入的

▶▶ 课堂活动

分离极性物质，应如何选择展开剂和吸附剂？

比例,使 R_f 值在 0.2～0.8 之间;若 R_f 值太大,斑点在溶剂前沿附近,则应降低展开剂的极性,可加入适量极性小的溶剂,如环己烷、石油醚等。

为了得到合适的展开剂,通常需要经过多次实验,有时可能需要两种以上的溶剂混合做展开剂。分离离解度较大的弱酸性组分时,应在展开剂中加入一定比例的酸性物质,如甲酸、磷酸、醋酸和草酸等,可防止拖尾现象。分离碱性组分时,多数情况下选用氧化铝为吸附剂,选用中性展开剂。若采用硅胶为吸附剂,则选用碱性展开剂为宜。对于多元展开剂系统,可在展开剂中加入二乙胺调整 pH,使分离的斑点集中清晰。

点滴积累 ∨

1. 比移值(R_f) 是指从基线至展开斑点中心的距离与从基线至展开剂前沿的距离之比。 R_f 值是薄层色谱法定性的重要参数。 相对比移值(R_S)是指从基线至试样斑点中心的距离与从基线至对照品斑点中心的距离之比。

2. 吸附薄层色谱法 利用被分离物质在吸附剂上被吸附能力的不同,用溶剂洗脱使各组分得到分离; 常用吸附剂有氧化铝、硅胶、聚酰胺等有吸附活性的物质。

3. 活化 将硅胶在 105～110℃加热 30 分钟, 则可除去硅胶可逆吸附的自由水, 使硅胶的吸附力增加, 这一过程称为"活化"。

第二节 薄层色谱法操作技术

薄层色谱法操作程序一般可分为制板、点样、展开、显色与检视、记录五个步骤。

一、薄层色谱法的操作技术

(一)薄层板的制备

薄层板按支持物的材质可分为玻璃板、塑料板或铝板等,所用支持物应光滑、平整清洁,没有划痕,洗净后不附水珠;按固定相种类可分为硅胶薄层板、键合硅胶板、聚酰胺薄层板、氧化铝薄层板等;按固定相粒径大小可分为普通薄层板(10～40μm)和高效薄层板(5～10μm)。

薄层板的制备可根据固定相中是否加黏合剂分为硬板和软板,软板现已很少使用。本章主要介绍硬板的制备方法。

1. 自制薄层板 将 1 份固定相和 3 份水(或加黏合剂的水溶液,如 0.2%～0.5% 羟甲基纤维素钠水溶液)在研钵中向同一方向研磨混合,去除表面的气泡后,研磨至浓度均一、色泽洁白的胶状物。倒入涂布器中,在玻板上平稳地移动涂布器进行涂布(厚度为 0.2～0.3mm),取下涂好薄层的玻板,置水平台上于室温下自然晾干后,置烘箱中在 105～110℃活化 0.5～1 小时,随即置于干燥器中冷却至室温备用。使用前检查其均匀度,表面应均匀、平整、光滑、无麻点、无气泡、无损坏等。

2. 市售薄层板 临用前一般应在 110℃活化 30 分钟。聚酰胺薄膜不需活化。若存放期间被污染,使用前可以用三氯甲烷、甲醇或二者的混合溶剂在展开缸中上行展开预洗,晾干,110℃活化,置于干燥器中备用。

（二）点样

1. 溶液制备　用乙醇、甲醇、氯仿等具有挥发性的有机溶剂将样品配制成浓度为 0.01% ~ 0.1% 的溶液,尽量避免用水做溶剂溶解样品,因为水溶液斑点易扩散,且不易挥发除去。水溶性样品,可以先用少量水使其溶解,再用甲醇或乙醇进行稀释定容。

2. 点样量　一般以几微升为宜,适当的点样量可以使斑点集中。点样量过大,则易拖尾或扩散;点样量过少,则不易检出。点样工具一般采用微升毛细管或手动、半自动、全自动点样器。

3. 点样过程　点样前先用铅笔在距薄层板底边 1 ~ 1.5cm(高效薄层板距底边 0.8 ~ 1.0cm)处轻轻画出基线,并在基线上作好点样记号。在洁净干燥的环境中,用点样工具轻触基线上点样记号,溶液则会被自动吸附呈圆形,直径以 2 ~ 4mm 为宜,注意不要损伤薄层表面。溶液宜分次点样,每次点样后,待溶剂挥干后再点。在同一薄层板需点多个样品时,点样用毛细管不能混用,样品点间距离不小于 1.5cm 为宜,点样不能距边太近,以避免边缘效应而产生误差。点样速度要快,在空气中点样以不超过 10 分钟为宜,以避免薄层板在空气中时间过长吸水而降低活性。

（三）展开

展开是点好样的薄层板与流动相接触,使两相相对运动并带动样品组分迁移的过程。因此展开的过程是混合物分离的过程,必须在密闭的展开容器中进行。展开容器应使用适合薄层板大小的玻璃制薄层色谱展开缸,并有严密的盖子,底部应平整光滑或有双槽。上行展开一般可用

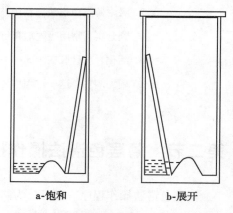

a-饱和　　　　b-展开

图 8-4　双槽展开缸及上行展开示意图

适合薄层板大小的专用平底或双槽展开缸(图 8-4);水平展开用专用的水平展开槽(卧式展开缸)(图 8-5)。

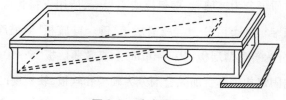

图 8-5　卧式展开缸

将点好样品的薄层板放入展开缸中,浸入展开剂的深度为距基线 0.5cm 为宜,切勿将样点浸入展开剂中,密闭,待上行展开 8 ~ 15cm,高效薄层板上行展开 5 ~ 8cm,取出薄层板,标记溶剂前沿,溶剂挥散后,显色与检视。

展开前溶剂一般需要进行预平衡,即在展开缸中加入适量展开剂,薄层板不浸入展开剂中,密闭,一般保持 15 ~ 30 分钟,溶剂蒸气预平衡后,再迅速将载有样品的薄层板浸入展开剂中,立即密闭,展开,注意防止边缘效应。

▶▶ **课堂活动**

为什么薄层板上的点样点不能浸入展开剂中?

知识链接

边 缘 效 应

边缘效应是指同一组分的斑点在同一薄层板上展开时，两边缘部分的 R_f 值大于板中间部分的 R_f 值的现象。原因是展开缸内溶剂蒸气未达到饱和，造成展开剂的蒸发速度从薄层板中央到两边逐渐增加，使板边缘上升的溶剂较中央多，致使边缘溶质的迁移距离比中心的大，导致边缘 R_f 值增大。

（四）显色与检视

物质经薄层展开后，会得到一系列斑点，有色物质的斑点可以在日光下直接检视，而对于无色物质的斑点，则需要采用以下方法进行检视。

1. 荧光法检视　能发荧光或有紫外吸收的物质，可在紫外灯（254nm 或 365nm）下观察有无暗斑或荧光斑点，并记录其颜色、位置及强弱。或采用荧光薄层板（在硅胶中掺入了少量荧光物质制成的板），在紫外灯下，整个薄层板呈强烈黄绿色荧光背景，被测物质由于吸收了 254nm 或 365nm 处的紫外光而呈现暗斑。

2. 化学法检视　既无色又无紫外吸收的物质，可利用显色剂与被测物反应产生颜色而进行检视。显色剂分为通用型显色剂和专属型显色剂。通用型显色剂有碘、高锰酸钾水溶液和硫酸乙醇溶液等。碘蒸气对许多有机化合物都可显色，如生物碱、氨基酸等化合物；高锰酸钾水溶液主要检出不饱和化合物；10％硫酸乙醇溶液使大多数有机化合物呈有色斑点。专属型显色剂是针对某类化合物或特征官能团设计的显色剂。例如茚三酮试剂是氨基酸和脂肪族伯胺的显色剂；三氯化铁-铁氰化钾试剂是含酚羟基物质的显色剂。

显色的方式常采用喷雾显色和浸渍显色。硬板常采用喷雾显色，将显色剂呈均匀细雾状喷洒在溶剂已挥干的薄层板上。软板常采用浸渍显色，将薄层板的一端浸入显色剂中，待显色剂扩散到整个薄层后，与组分斑点作用而呈色。在实际工作中，应根据被分离组分的性质以及薄层板的状况来选择合适的显色剂和显色方式。

（五）记录

薄层色谱图像一般可采用摄像设备拍摄，以光学照片或电子图像的形式保存。也可用薄层色谱扫描仪扫描或其他适宜的方式记录相应的色谱图。

二、系统适用性试验

进行薄层色谱操作时，需要按各品种项下要求对实验条件进行系统适用性试验，即用供试品和标准物质对实验条件进行试验和调整，应符合规定的要求。系统适用性试验内容包括比移值、检出限、分离度和相对标准偏差。

1. 比移值（R_f）　是薄层色谱法定性的重要参数，用于描述各组分在薄层板上的斑点位置。计算公式见式(8-1)。

除另有规定外,杂质检查时,各杂质斑点的比移值(R_f)以在 0.2 ~ 0.8 之间为宜。

2. 检出限　是指限量检查或杂质检查时,供试品溶液中被测物质能被检出的最低浓度或量。一般采用已知浓度的供试品溶液或对照标准溶液,与稀释若干倍的自身对照标准溶液在规定的色谱条件下,在同一薄层板上点样、展开、检视,后者显清晰可辨斑点的浓度或量作为检出限。

3. 分离度(或称分离效能)　鉴别时,供试品与标准物质色谱中的斑点均应清晰分离。当薄层色谱扫描法用于限量检查和含量测定时,要求定量峰与相邻峰之间有较好的分离度,分离度(R)的计算公式见教材第七章式(7-12)。

除另有规定外,分离度应大于 1.0。

4. 相对标准偏差　薄层扫描含量测定时,同一供试品溶液在同一薄层板上平行点样的待测成分的峰面积测量值的相对标准偏差(RSD)应不大于 5.0% ;需显色后测定的或者异板的相对标准偏差应不大于 10.0% 。

点滴积累　Ⅴ ....

1. 薄层色谱法操作程序包括: 制板、点样、展开、显色与检视、记录五个步骤;系统适用性试验包括比移值、检出限、分离度和相对标准偏差。

2. 点样操作注意的问题:①点样前划出基线并作好点样记号;②点样点直径以 2 ~ 4mm 为宜, 宜分次点样, 在空气中点样以不超过 10 分钟为宜;③样品点间距离应不小于 1.5cm, 点样不能距板边太近。

3. 展开过程注意的问题:①展开前, 展开剂需在展开缸中密闭进行预平衡;②展开时, 展开剂切勿没过基线;③展开过程中展开缸要密闭;④展开结束, 在薄层板上标记溶剂前沿。

第三节　薄层色谱法的应用

一、定性分析方法

(一)定性鉴别

薄层色谱法主要依据比移值的测定对药物进行定性鉴别。

1. 比移值 R_f 定性　常采用对照品进行比较,即在同一块薄层板上分别将样品和对照品进行点样、展开与检视,样品所显主斑点的颜色(或荧光)与位置(R_f)应与对照品的主斑点一致,而且主斑点的大小与颜色深浅也应大致相同,则可初步认定样品与对照品为同一物质。必要时化学药品可采用样品溶液与对照品溶液混合点样、展开,与对照品相应斑点应为单一、紧密斑点。也可以采用多种展开系统进行展开,若样品主斑点的 R_f 值及斑点颜色仍与对照品一致,则可认定该样品与对照品是同一化合物。该法适用于已知范围的未知物定性。

2. 相对比移值 R_s 定性　由于影响 R_f 值的因素很多,如吸附剂的种类和活度、展开剂的极性、薄层厚度、展开距离等,使 R_f 值的重复性较差,因此采用相对比移值 R_s 定性比 R_f 值定性更可靠。可与对照品的 R_s 值比较定性,也可与文献收载的 R_s 值比较定性。

边学边练

学会用薄层色谱法对药物进行鉴别，操作过程请参见实验实训项目 8-1 薄层色谱法鉴别维生素 C。

（二）杂质检查

薄层色谱法对药物进行杂质检查，主要是杂质限量的检查，一般无须测定杂质的含量。杂质检查可采用杂质对照法、供试品溶液的自身稀释对照法、或两法并用。

1. 杂质对照法　取样品溶液和杂质对照品溶液，分别在同一薄层板上点样、展开和检视。样品溶液除主斑点外的其他斑点与相应的杂质对照品溶液主斑点比较，不得更深。该法适用于有杂质对照品的药物。

2. 自身稀释对照法　将样品溶液按照杂质限量要求稀释至一定浓度作对照品溶液，再与样品溶液分别在同一薄层板上点样、展开和检视。样品溶液除主斑点外的其他斑点与样品溶液自身稀释对照溶液的主斑点比较，不得更深。该法主要适用于杂质结构不确定或无杂质对照品的药物。

▶▶ **课堂活动**

用薄层色谱法进行药物杂质检查时，若没有杂质对照品，该如何解决？

3. 两法并用　取样品溶液、杂质对照品溶液及样品溶液自身稀释对照溶液分别在同一薄层板上点样、展开和检视，以保证杂质检查的准确性。

二、定量分析方法

薄层色谱法的定量方法有两类。一是样品经薄层色谱分离定位后，用溶剂将斑点中的组分洗脱下来，再用适当的方法进行定量测定。由于样品不易从吸附剂上洗脱完全，因此该法的回收率较低。另一类是样品经薄层色谱分离后，在薄层板上对斑点进行直接测定。直接定量法有目视比较法和薄层扫描法两种。目视比较法是将一系列已知浓度的对照品溶液与样品溶液点在同一薄层板上，展开并显色后，以目视法直接比较样品斑点与对照品斑点的颜色深度或面积大小，可求出被测组分的近似含量。薄层扫描法（thin layer chromatography scan, TLCS）是仪器扫描薄层板并定量，即用一定波长的光照射在薄层板上，对薄层色谱中可吸收紫外光或可见光的斑点，或经激发后能发射出荧光的斑点进行扫描，将扫描得到的图谱及积分数据用于含量测定。

三、应用与实例分析

从 1990 年版《中国药典》开始，薄层色谱法广泛应用于化学药物的定性鉴别、杂质检查及药品稳定性考察；中药及中药制剂的成分分离和定性鉴别，是目前中药制剂最常用的鉴别方法。

实 例 分 析

实例一　山药的鉴别。

将山药样品溶液与山药对照药材溶液在同一薄层板上点样、展开、显色，依据在山药对照药材色谱相应的位置上，显相同颜色的斑点来确定山药的真伪。

取山药粉末5g,加二氯甲烷30ml,加热回流2小时,滤过,滤液蒸干,残渣加二氯甲烷1ml使溶解,作为供试品溶液。另取山药对照药材5g,同法制成对照药材溶液。照薄层色谱法(通则0502)试验,吸取上述两种溶液各4μl,分别点于同一硅胶G薄层板上,以乙酸乙酯-甲醇-浓氨试液(9:1:0.5)为展开剂,展开,取出,晾干,喷以10%磷钼酸乙醇溶液,在105℃加热至斑点显色清晰。供试品色谱图中,在与对照药材色谱图相应的位置上,显相同颜色的斑点。

实例二　布洛芬有关物质检查。

将布洛芬供试品溶液按限量要求稀释成低浓度作对照品溶液,采用自身稀释对照法检查有关物质。具体操作步骤为:

1. 制薄层板　采用自制薄层板或市售薄层板,用前应检查其均匀度,表面应均匀、平整、无麻点、无气泡等。

2. 溶液制备　取布洛芬,用三氯甲烷制成每1ml中含100mg的溶液,作为供试品溶液;精密量取供试品溶液适量,用三氯甲烷定量稀释制成每1ml中含1mg的溶液,作为对照溶液。

3. 展开剂制备　按正己烷-乙酸乙酯-冰醋酸(15:5:1)比例配制展开剂,现配现用。为使R_f值重现性良好,将展开剂置于展开缸中进行饱和。

4. 点样　划出点样基线,距底边约1.5cm并与底边平行,分别取两种溶液各5μl点于同一硅胶G薄层板上,点样时不要损伤薄层板表面,直径约3mm。

5. 展开　薄层板浸入深度距基线5mm为宜,切勿将样点浸入展开剂中,如20cm长的薄层板,展距以10~15cm为宜。取出薄层板,在展开剂前沿处做好标记,晾干,待检测。

6. 显色与检视　喷以1%高锰酸钾的稀硫酸溶液,120℃加热20分钟,置紫外光灯(365nm)下检视。供试品溶液如显杂质斑点,与对照溶液的主斑点比较,不得更深。

点滴积累 ∨ ....

1. 薄层色谱法的应用　用于药物的鉴别、检查和含量测定。
2. 薄层色谱法鉴别的依据　主要依据比移值(R_f)。
3. 薄层色谱法杂质检查方法　采用杂质对照法、供试品溶液的自身稀释对照法,或两法并用。

复习导图

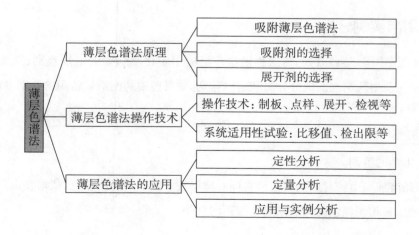

目标检测

一、填空题

1. 薄层色谱法中常用的吸附剂是_____、_____、_____。

2. 薄层色谱法的定性参数是_____,其值的可用范围是_____。

3. 薄层色谱法的一般操作程序分为_____、_____、_____、_____和_____五个步骤。

4. 薄层色谱板的"活化"作用是_____、_____。

5. 硅胶 G 是指硅胶中加入了_____;硅胶 H 是指_____。

二、判断题

( )1. 薄层色谱法点样时,点样要距离薄层板底边至少 1cm。

( )2. 薄层色谱法中,当色谱条件一定时,组分的比移值为常数,其值在 0~1 之间。

( )3. 吸附剂硅胶的含水量越大,则吸附活性越高。

( )4. 样品进行展开时,展开剂不能没过薄层板的基线。

( )5. 同一组分的斑点在同一薄层板上展开时,两边缘部分 R_f 值大于板中间部分 R_f 值的现象称边缘效应。

三、综合题

1. 薄层板有哪些类型? 硅胶-CMC 板与硅胶-G 板有哪些区别?

2. 薄层色谱的显色方法有哪些?

3. 简述薄层色谱法的主要操作过程、系统适用性试验内容及其定性参数的表达式。

4. 化合物 A 在薄层板上从原点迁移 8.6cm,溶剂前沿距原点 16.4cm。

(1) 计算化合物 A 的 R_f 值;

(2) 在相同的薄层系统中,溶剂前沿距原点 14.8cm,化合物 A 的斑点应在此薄层板何处?

5. 用薄层色谱法鉴别物质 A,若物质 A 在薄层板上的展距为 7.6cm,点样基线至溶剂前沿的距离为 16.2cm。试回答:

(1) 物质 A 的 R_f 值;

(2) 若在相同的薄层色谱展开系统中,基线至溶剂前沿的距离为 14.3cm,物质 A 应出现在此薄层板的何处?

(3) 叙述薄层色谱法实验的操作步骤。

ER-08章习题

拓展资源

薄层色谱扫描法

薄层扫描法（thin layer chromatography scan，TLCS）系指用一定波长的光照射在薄层板上，对有紫外或可见吸收的斑点或经照射能激发产生荧光的斑点进行扫描，将扫描得到的图谱及积分值用于药品质量检查的方法。 随着制板、点样、展开等操作仪器化及仪器性能的改进，薄层扫描法检测的灵敏度，结果的精密度与准确度均大大提高。《中国药典》中有多个中成药品种采用该法进行含量测定。

（一） 仪器构造

薄层扫描仪为薄层扫描法的专用仪器，主要由光源、单色器、样品室、薄层板台架、检测器、记录仪及数据处理系统几部分组成。

1. 光源　主要为氘灯、钨灯或氙灯，有的还加有汞灯。

2. 单色器　由光栅和狭缝组成。

3. 样品室　包括薄层板台架及驱动装置。

4. 检测器　包括监测用光电倍增管及反射测定用与透射测定用的光电倍增管。

5. 数据处理　包括各种操作参数的设定、信号采集、处理计算和打印输出等。

（二） 扫描方法

可根据不同薄层色谱扫描仪的结构特点，按照规定方式扫描测定，一般选择反射方式，采用吸收法或荧光法。 除另有规定外，含量测定应使用市售薄层板。

扫描方法可采用单波长扫描或双波长扫描。 如采用双波长扫描，应选用待测斑点无吸收或最小吸收的波长为参比波长，供试品色谱图中待测斑点的比移值（R_f 值）、光谱扫描得到的吸收光谱图或测得的光谱最大吸收和最小吸收应与对照标准溶液相符，以保证测定结果的准确性。

（三） 含量测定

薄层色谱扫描用于含量测定时，通常采用线性回归二点法计算。 供试品与标准物质同板点样、展开、扫描、测定和计算。 供试品溶液和对照标准溶液应交叉点于同一薄层板上，供试品点样不得少于 2 个，标准物质每一浓度不得少于 2 个。 扫描时，应沿展开方向扫描，不可横向扫描。

（任玉红）

第九章

气相色谱法

导学情景 ∨

情景描述

　　某药厂药品质量检测实验室内，质检人员用移液管准确量取一定体积的藿香正气水置于容量瓶中稀释定容，作为供试品，然后分别将经微孔滤膜过滤后的供试品溶液和橙皮苷对照品溶液取相同体积，注入气相色谱仪。气相色谱仪的工作站绘制出含有多个孤立的"山峰"的谱图，每个孤立的"山峰"都有其对应的数据信息。质检人员根据气相色谱仪提供的谱图和数据信息，计算每 1ml 藿香正气水中橙皮苷（$C_{28}H_{34}O_{15}$）的质量，以评价该批次藿香正气水中陈皮的含量是否符合标准。

学前导语

　　气相色谱仪是气相色谱法分析的仪器。气相色谱法是分离分析试样中各组分的重要手段，在分析检测工作中起到重要的作用。本章将介绍气相色谱法的基本知识和基本操作。

第一节　气相色谱法原理

　　气相色谱法（gas chromatography，GC）是以气体作流动相的色谱分离分析方法。气相色谱法于1952年创立，第一台商品化气相色谱仪器于1955年生产问世。气相色谱法作为重要的分离分析方法之一，在医药卫生、生物工程、有机合成、环境科学、石油化工等领域获得了广泛的应用。在药物分析中，气相色谱法已成为原料药和制剂的含量测定、杂质检查，中草药成分分析、药物的纯化、制备等方面的重要分离分析手段。

一、气相色谱法的分类及特点

（一）气相色谱法的分类

　　气相色谱法可以从不同的角度进行分类：按分离原理不同，分为分配色谱法和吸附色谱法；按固定相的聚集状态不同，分为气-液色谱法和气-固色谱法，一般来说气-液色谱法属于分配色谱法，气-固色谱法属于吸附色谱法；按操作形式，气相色谱法属于柱色谱法；按色谱柱的粗细，分为填充柱色谱法和毛细管柱色谱法。

（二）气相色谱法的特点

　　气相色谱法主要用于分离分析易挥发、对热稳定的小分子物质。它具有以下特点：

1. **分离效能高**　可分离组成复杂、分配系数很接近的试样,如有机化合物的同分异构体、同位素等。一般填充柱的理论塔板数达数千,毛细管柱最高可达一百多万。

2. **灵敏度高**　试样用量少,液体试样一般进样量为几微升,气体试样进样量一般为几毫升,适合痕量分析。使用高灵敏的检测器可以检测 $10^{-13} \sim 10^{-11}$g 的物质。

3. **分析速度快**　一个分析周期一般只需要几秒至几十分钟,如用毛细管柱色谱法一次可以检测出汽油中的一百多种组分。

4. **应用范围广**　能分析的有机物大约占总有机物的20%,部分无机离子、高分子和生物大分子化合物也可以采用气相色谱法分析。

二、气相色谱法的分析流程

气相色谱仪是实现气相色谱分离分析的装置。气相色谱仪一般由载气系统、进样系统、分离系统、检测系统和记录系统五部分组成。

气相色谱法的分析流程如图9-1所示。载气的流路顺序是:气源→减压阀→气体净化装置→稳压阀→压力表→载气流速控制器;一定量的气体或液体试样通过进样系统的进样口被注入气化室,试样在一定温度下的气化室内转化为气体;气化后的试样在载气的携带、推动下快速而定量地加到气相色谱仪分离系统的色谱柱顶端,色谱柱对试样中各组分有不同的保留性能,试样中的各组分经色谱柱被分离;被分离后的各组分在流动相的推动下按顺序先后进入检测系统的检测器,检测器把分离后的各组分根据其特性和量的不同转化成不同强度的电信号,试样中的各组分被检出;检测信号经数据处理与显示系统的放大器、记录仪或数据处理装置被记录、形成分析报告。分析报告提供试样的色谱流出曲线和可用于组分定性、定量分析的参数,如保留时间、峰高、峰面积等。分析报告见图9-2。

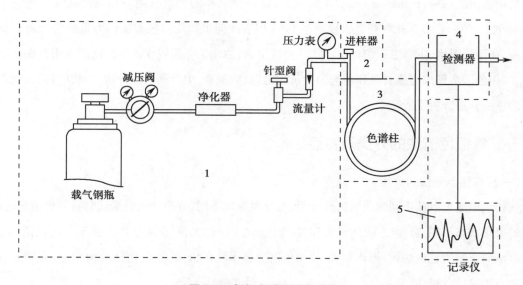

图9-1　气相色谱流程示意图
1. 载气系统　2. 进样系统　3. 分离系统　4. 检测系统　5. 记录系统

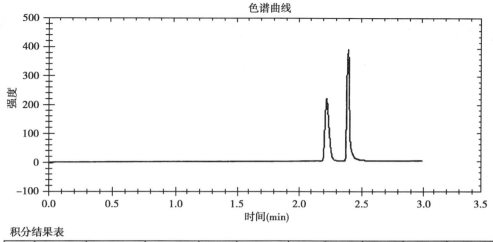

积分结果表

ID	保留时间(min)	面积	面积(%)	峰高	峰高(%)	不对称性	容量因子	选择性因子	半峰宽(min)	理论塔板数
1	2.23	503 163.30	43.78	220.70	36.00	1.68	0.00	0.00	0.03	23 662.75
2	2.40	646 121.18	56.22	392.30	64.00	1.35	0.08	0.00	0.02	54 597.11

图9-2　气相色谱分析报告样例

三、气相色谱法的固定相及流动相

色谱柱是气相色谱仪的心脏,分析工作中常使用的是商品柱,因此色谱柱的选择主要是在已有色谱柱中选择具有合适的固定相及载体的色谱柱。

(一) 气相色谱法的固定相

气相色谱法的固定相有两种:一种是涂敷在载体上的高沸点固定液;一种是固体吸附剂。

1. 固定液分类　气相色谱的固定液主要由高沸点有机化合物组成,在操作温度下为液态,需在一定温度范围内使用。固定液常用极性分类和化学分类两种方式。

(1) 极性分类:按固定液的相对极性大小分类。该法规定,非极性的角鲨烷的相对极性为0,极性的 β,β′-氧二丙腈的相对极性为100,其他固定液的相对极性在0～100之间。把0～100分成五级,每20为一级。0～+1为非极性固定液;+2～+3为中等极性固定液;+4～+5为极性固定液。气相色谱常用固定液相对极性数据见表9-1。

(2) 化学分类:固定液按化学类型可分为烃类、硅氧烷类、醇类、醚类、酯类等。

烃类极性最弱,适用于分析非极性化合物,如角鲨烷。硅氧烷类极性较弱,在结构中引入不同的取代基可改变固定液的极性,应用最广,如甲基聚硅氧烷。醇、醚类极性较强,易形成氢键,其选择性取决于形成氢键的作用力,如聚乙二醇。酯类极性较强,含有极性和非极性基团,如己二酸二乙二醇聚酯。

2. 固定液选择　气-液色谱固定液的选择一般遵循极性相似原则、化学官能团相似原则和组分性质的主要差别原则。

(1) 极性相似原则:即分离极性试样一般选择极性固定相,分离非极性试样选择非极性固定相。

(2) 化学官能团相似原则:即固定相与试样组分具有相似的化学官能团时选择性高,如分离酯类试样,宜选择酯类或聚酯类等固定相,分离醇类试样宜选择醇类或聚乙二醇等固定相。

表 9-1　常用固定液的相对极性

固定液名称	型号	极性级别	最高使用温度（℃）
角鲨烷	SQ	0	150
阿皮松	APL	+1	300
甲基硅橡胶 （二甲基聚硅氧烷）	SE-30 OV-1	+1	300 （350）
邻苯二甲酸二壬酯	DNP	+2	100
三氟丙基甲基聚硅氧烷	QF-1	+3	250
氰基硅橡胶	XE-60	+3	250
聚乙二醇	PEG-20M	+4	225
己二酸二乙二醇聚酯	DEGA	+4	200
β,β′-氧二丙腈	ODPN	+5	100

（3）组分性质的主要差别原则：即试样中组分的沸点为主要差别因素，宜选择非极性固定相；试样中组分的极性为主要差别因素，宜选择极性固定相。如分离某试样中的苯和环己烷，苯的沸点为 80.1℃，环己烷沸点为 80.7℃，两组分的沸点相近，但是苯的极性大于环己烷的极性，即苯和环己烷的主要差别因素是极性，宜选择中等极性的色谱柱两组分能较好分离，其中极性较弱的环己烷先出柱。

3. 载体分类及选择　载体（担体）是一种惰性固体微粒，起到支持固定液的作用。载体决定了固定液在载体上的分布和样品在载体上的扩散。

硅藻土型载体为常用载体。硅藻土型载体根据制造方法不同分为红色载体和白色载体。

（1）红色载体：由天然硅藻土与黏合剂煅烧而成，因含有氧化铁，呈淡红色，故称为红色载体。红色载体常与非极性固定液配伍，用于分析烷烃、芳香烃等非极性或弱极性物质。

（2）白色载体：在煅烧硅藻土时加入碳酸钠（助溶剂），煅烧后氧化铁生成了无色的铁硅酸钠配合物，使硅藻土呈白色，故称为白色载体。白色载体常与极性固定液配合使用，用于分析醇、酮等极性物质。

4. 吸附剂　气相色谱的吸附剂有硅胶、氧化铝、活性炭、分子筛、高分子多孔微球等。在药物分析中应用较多的为高分子多孔微球（GDX）。

GDX 可用于酊剂中醇或有机物中微量水的测定。GDX 的分离机制一般认为具有吸附、分配及分子筛三种作用。GDX 的主要特点有：①疏水性强，选择性好，分离效果好，特别适用于分析混合物中的微量水；②热稳定性好，最高使用温度达 200～300℃，且无流失现象，色谱柱的使用寿命长；③GDX 的比表面积大，耐腐蚀性好；④无有害的吸附活性中心，极性组分也能获得正态峰。

（二）气相色谱法的流动相

气相色谱法的流动相称为载气。载气的作用是携带、推动组分在仪器的气路系统中移动来达到分离混合物的目的。气相色谱常用的载气主要有 H_2、N_2、He、Ar 等，其中常用的是 H_2 和 N_2。

载气种类的选择首先要考虑检测器的要求，还要考虑载气的性质对组分分离效果的影响、经济性和安全性等多方面因素。实验室常用检测器及其常用载气见表 9-2。

表 9-2　实验室 GC 常用检测器及载气

检测器	TCD	FID	ECD
常用载气	H_2、He	N_2	N_2、Ar

▶ **课堂活动**

气相色谱法色谱柱固定液的选择原则是什么？　测定某试样中的乙醇可选择什么固定液？

点滴积累 ∨

1. 气相色谱法的特点　分离效能高、灵敏度高、分析速度快、应用范围广。
2. 气相色谱法的固定液按极性分类　0 ~ +1 为非极性固定液；+2 ~ +3 为中等极性固定液；+4 ~ +5 为极性固定液。
3. 气相色谱法的固定液按化学类型分类　分为烃类、硅氧烷类、醇类、醚类、酯类等。
4. 气相色谱法固定液的选择原则　极性相似原则、化学官能团相似原则和组分性质的主要差别原则。
5. 气相色谱常用的载气　有 H_2、N_2、H_e、Ar 等，其中最常用的是 H_2 和 N_2。

第二节　气相色谱仪及分析条件选择

气相色谱仪型号有多种,但其基本结构相似。

一、气路系统

ER-9-1

气相色谱仪示意图、气相色谱仪的气体净化管

气相色谱仪的气路系统包括载气系统及辅助性气体(燃气、助燃气)流动的管路、气体净化装置和气体流速控制、测量元件等。气路系统是一个连续运行的密闭管路系统,要求输入的气体纯净、流速稳定、流量准确。

（一）气体的净化

气相色谱法常用的气体有载气及辅助性气体如空气、O_2、H_2 等。

载气的纯度影响气相色谱仪的灵敏度和稳定性,因此气路中通常串联装有硅胶、活性炭和分子筛等净化剂的净化管,以除去载气及辅助性气体中的水分和有机杂质等。

（二）气路的检漏

气相色谱仪的气路不密封会影响分析结果的准确性。实验中若使用 H_2,其泄漏可能会引发爆炸等危险性事故。

气路的检漏：①气体钢瓶至减压阀的检漏,关闭减压阀,打开钢瓶高压阀,减压阀高压表指示压力不下降,否则漏气;②将气相色谱仪的气路出口处用螺母或洁净硅橡胶垫扣紧,将钢瓶输出压力调到 4 ~ 6kg/cm^2(或打开气体发生器),打开稳压阀,观察气路的转子流量计,一段时间后流量计读数为零,否则漏气。气路的检漏还可以用脱脂棉蘸十二烷基磺酸钠水溶液在管路的各接口处点蘸,有气泡出现的部位为漏气处,此时应拧紧气路连接处的螺母。

（三）载气流速

载气的流速可以用单位时间内载气通过的距离（线流速）来表示，也可以用单位时间内载气通过的量或体积（载气流量）来表示。分析工作中载气流速常用流量来表示。

由速率方程，当载气流速 u 较小时，$\dfrac{B}{u}$ 是色谱峰扩张的主要因素，为减小纵向扩散，应采用分子量较大的载气，如 N_2、Ar；当载气流速 u 较大时，$C \cdot u$ 为控制因素，此时宜采用分子量较小的载气如 H_2 或 He。

填充柱的载气为 N_2 时，载气流速常选用 $20\sim60ml/min$；载气为 H_2 时，载气流速常选用 $40\sim90ml/min$。毛细管柱的载气为 N_2 时，载气流速常选用 $2\sim4ml/min$；载气为 H_2 时，载气流速常选用 $4\sim6ml/min$。

二、进样系统

进样系统由进样器、气化室和加热器组成。

（一）进样方式

实验室一般采用溶液直接进样、自动进样或顶空进样三种进样方式。

ER-9-2

进样口外观图、手动进样操作图

1. 溶液直接进样　采用微量注射器、微量进样阀（如六通阀，结构原理同第十章）或有分流装置的气化室进样。进样量一般不超过数微升；柱径越细，进样量应越少，采用毛细管柱时，一般应分流以免过载。

2. 自动进样　一般采用定量阀，通过工作站设置进样量、进样间隔、进样针清洗等进样操作参数。自动进样重复性好，可自动操作，适于批量分析。

3. 顶空进样　将固态或液态的试样置于密闭小瓶中，在恒温控制的加热室中加热至试样中挥发性组分在液态和气态达到平衡后，由进样器自动吸取一定体积的顶空气注入色谱柱中。顶空进样适用于固体和液体试样中挥发性组分的分离和测定，如中药材中的芳香成分，酒和饮料中的挥发性香精等。顶空进样一般为自动进样。

气相色谱法的进样速度要求"快"，1 秒内完成为宜。进样速度慢，试样将以非"塞子"状进入色谱柱，将导致峰形变宽、甚至不出峰，保留时间改变等。

知识链接

不分流进样和分流进样

根据进样后是否分流，进样方式又分为不分流进样和分流进样。不分流进样是指试样经进样口注入气化室，气化后的试样被载气全部携带推入色谱柱，如填充柱气相色谱一般采用不分流进样；分流进样是指试样经进样口注入气化室，气化后的试样大部分经分流管被放空，只有极小一部分气化后的试样随载气进入色谱柱，如毛细管柱气相色谱常配有分流装置。

（二）气化室及气化室温度选择

气化室是将液体试样瞬间气化的装置，气化室结构示意见图9-3。

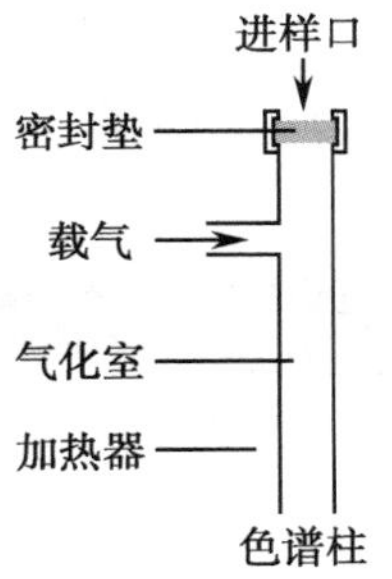

气化室温度的选择取决于试样的沸点、稳定性和进样量。气化室的温度一般等于或稍高于试样的沸点，但是不能太高，以防止试样在高温下分解或发生其他副反应。对于热稳定性较差的试样，可用高灵敏度检测器，降低进样量，使试样在远低于沸点温度下气化。气化室温度一般以高于柱温30～70℃为宜。

（三）进样量的选择

进样量的大小直接影响谱带的初始宽度。进样量越大，谱带初始宽度越宽，经分离后的色谱峰也越宽，不利于分离。因此，在检测器灵敏度足够的条件下，尽量减少进样量。对于填充柱，气体试样的进样量以0.1～1ml为宜，液体试样进样量小于4μl（TCD）或小于1μl（FID）为宜。毛细管柱采用分流装置分流进样。

图9-3　气化室结构示意图

三、分离系统

气相色谱分离系统包括色谱柱和对色谱柱加热的柱温箱。

（一）分析型色谱柱

市售的分析型色谱柱通常分为填充柱和毛细管柱。填充柱与毛细管柱的柱参数对比见表9-3。

柱长增加，组分的分离度增大，分析时间增长，因此在保证目标组分获得好的分离效果的前提下使用短柱。

ER-9-3

色谱柱及柱温箱、填充柱（左）和毛细管柱（右）

表9-3　填充柱与毛细管柱的柱参数对比简表

	内径（mm）	长度（m）	相比 β	理论板数 n（块）
填充柱	2～6	0.5～6	6～35	$\approx 10^3$
毛细管柱	0.1～0.5	20～200	50～1500	$\approx 10^6$

知识链接

相　比

相比也称相比率，用 β 表示，是指色谱柱中流动相和固定相的体积比。相比是表示色谱柱特性的参数，相同柱长和固定相的色谱柱，相比不同，组分的保留时间不同。

（二）色谱柱柱温选择

柱温是色谱分析中的重要操作参数。柱温的选择直接影响组分分离的效果和分析的速度。通常提高柱温可以使组分的保留时间（t_R）减小，缩短分析时间，分离度（R）降低；降低柱温在一定程度内可以使组分的分离得到改善，但分析时间增长。

1. **柱温**　柱温要控制在固定液的最高和最低使用温度间，同时要考虑组分在色谱柱内不分解也不冷凝。柱温一般选择在试样组分的平均沸点左右,或稍低一些。日常分析操作中柱温的参考选择范围见表9-4。

表9-4　GC色谱柱柱温参考选择范围

	高沸点	中等沸点	气体试样	
被测物沸点	300～400℃	200～300℃	100～150℃	
参考柱温	200～250℃	150～200℃	50～100℃	室温～100℃
柱温低于平均沸点温度	100～150℃	50～100℃	约50℃	

柱温的选择原则是:使最难分离的目标组分有好分离度的前提下,尽量采用低柱温,但以保留时间适宜,色谱峰符合要求为度。

2. 恒柱温和程序升温　柱温的控制分为恒柱温和程序升温两种。

（1）恒柱温法:是指在分析过程中色谱柱温度恒定,试样中的各组分在同一柱温下流出色谱柱。

（2）程序升温法:是指在分析过程中改变色谱柱温度,使试样中的组分分别在最佳的柱温下流出色谱柱,获得各组分良好的分离和良好峰形的方法。程序升温按柱温与时间的变化关系,可以分为线性和非线性程序升温两种。线性程序升温是指柱温的变化随时间呈线性关系。非线性程序升温是指色谱分析过程中柱温在升高的某阶段可能有恒温阶段,也可能柱温虽然在持续升温,但是柱温随时间变化的速率并不恒定。

当复杂试样中的各组分沸程较宽,组分的最高沸点与最低沸点之差大于80～100℃时,采用恒柱温法各组分不能很好的分离或分析时间较长,宜采用程序升温法。

▶ **课堂活动**

采用气相色谱法,分析某试样中的苯、甲苯、乙苯（三者沸点分别为80℃、110℃、136℃）,宜选择程序升温法还是恒柱温法?　若选择恒柱温法,色谱柱温度宜选择的范围为多少?

四、检测系统与记录系统

检测器是将色谱柱后流出组分的量转化为相应电信号的装置。色谱柱如果是色谱仪的心脏,那么检测系统中的检测器就是色谱仪的眼睛。

（一）检测系统

1. 检测器分类　气相色谱仪的检测器有多种,目前应用较多的是微分型检测器。微分型检测器根据测量原理的不同分为质量敏感型和浓度敏感型。

质量敏感型检测器输出信号的大小取决于组分在单位时间内进入检测器的质量,与浓度关系不大。常见的质量型检测器有氢火焰离子化检测器（FID）和火焰光度检测器（FPD）等。

浓度敏感型检测器的响应值取决于载气中组分的浓度。常见的浓度型检测器有热导检测器（TCD）及电子捕获检测器（ECD）等。

2. 检测器性能指标

（1）噪音（N）与漂移（d）：在没有试样通过检测器时,由仪器本身及工作条件等偶然因素引起的基线起伏波动称为噪音。单位时间内噪音单向变化的幅值为漂移（d）。噪音与漂移见图9-4。

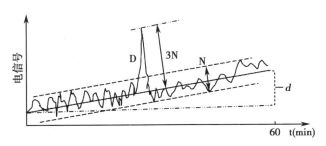

图9-4　检测器噪音、漂移和检测限示意图
N 为噪音；d 为漂移；D 为检测限

（2）灵敏度（S）：是指单位物质的含量（质量或浓度）通过检测器时所产生的信号变化率,不同类型检测器的灵敏度有不同的表示方法：①浓度型检测器的灵敏度（S_c）是指每毫升载气中有 1mg 被测物质通过检测器时所能产生的信号值；②质量型检测器的灵敏度（S_m）是指每秒钟有 1g 物质进入检测器时所能产生的信号值。

（3）检测限（D）：某组分的峰高为噪音的 3 倍时（也有 2 倍的）,单位时间内引入检测器单位体积流动相中被测组分的质量（或浓度）见图9-4,计算如式（9-1）：

$$D = 3N/S \qquad\qquad 式（9-1）$$

式中,N 为仪器噪音；当 S 为 S_c 时,D 单位为 mg/ml（或 ml/ml）；当 S 为 S_m 时,D 单位为 g/s。检测限仅与检测器的性能有关,D 值越小仪器越灵敏。

3. 氢火焰离子化检测器（FID）　简称氢焰检测器,是目前应用最广泛的检测器之一。

（1）FID 的结构与测定原理：FID 结构见图9-5。

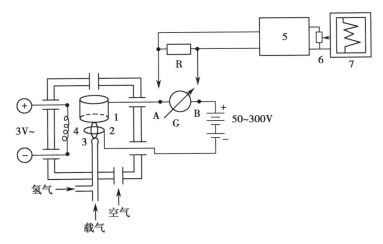

图9-5　FID 结构示意图
1. 收集极　2. 极化极　3. 氢火焰　4. 点火线圈　5. 微电流放大器　6. 衰减器　7. 记录器

在色谱柱中被分离后的各组分随载气进入具有高温的氢火焰时,有机物在氢火焰中发生化学电离产生正离子和电子,在收集极(正极)和极化环(负极)间外加直流电场的作用下正离子和电子分别向两极定向运动而产生微电流,在一定范围内,微电流的大小与进入离子室的被测组分的质量成正比,电流信号输出到记录仪,得到峰面积与组分质量成正比的色谱流出曲线。

(2)气体种类:FID 需要使用载气、燃气和助燃气三种气体。一般以 N_2 为载气,H_2 为燃气,空气中的 O_2 为助燃气。载气的流速影响柱效,燃气的流速影响检测器的灵敏度和稳定性,助燃气为有机物离子化所需的氢火焰提供氧,使用时需要调整三者的比例关系,使检测器灵敏度达到最佳。

(3)检测器温度:FID 温度的改变不会影响组分的分离效果,一般实验操作中 FID 的温度高于 150℃,以免水蒸气冷凝。

(4)检测器特点:FID 是典型的质量型检测器,结构简单、稳定性好,对有机化合物具有很高的灵敏度,检测下限可达 $10^{-11}g/s$,检测时破坏样品。FID 对无机气体、H_2O、CCl_4、CS_2 等含氢少或不含氢的物质灵敏度低或不响应。

4. 热导检测器(TCD) 又称热导池,是应用广泛的通用型检测器之一。

(1)TCD 的结构与测定原理:TCD 的结构简单,见图 9-6。

检测器的其中一臂接在色谱柱前只通载气,作为参考臂;另一臂接在色谱柱后,组分和载气通过,作为测量臂;电阻值(R)是温度(T)的函数,两臂的电阻分别为 R_1、R_2,电阻 $R_3 = R_4$,A、B 间装有检流计。当测量臂中没有组分通过时,两臂内均只有载气通过,$T_1 = T_2$、$R_1 = R_2$,$R_1 R_3 = R_2 R_4$,A、B 间无电流通过,记录仪上显示为基线。当试样中组分随载气通过测量臂时,由于组分和载气混合气体的热导率与纯载气的热导率不同,$T_1 \neq T_2$、$R_1 \neq R_2$,导致 $R_1 R_3 \neq R_2 R_4$ 检流计指针发生偏转,记录仪上显示组分峰信号。

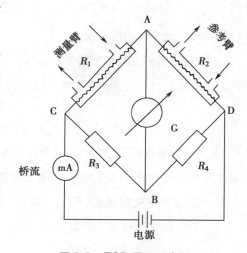

图 9-6 TCD 原理示意图

(2)气体种类:TCD 是利用组分与载气热导率的差异进行检测,因此载气与组分的热导率相差越大,检测灵敏度越高。一般选择热导系数较大的 H_2、He 做载气灵敏度较高,通常用 H_2 做载气。

(3)检测器温度:TCD 池体温度与热丝温度相差越大,越有利于热传导,检测器的灵敏度也就越高,但池体温度不能低于柱温,以防试样组分和水蒸气冷凝。

ER-9-4

FID、TCD
外观图

(4)桥路电流:增加桥电流,可以提高检测器的灵敏度,桥电流增加的同时会使噪声增大,检测器的稳定性下降。桥电流的选择一般遵循在保证灵敏度的前提下用低的桥电流。

(5)检测器特点:TCD 结构简单,性能稳定,灵敏度适宜,线性范围宽,不破坏试样。TCD 对所有与载气有不同热导率的气体都有响应,不仅用于分析有机物,还可以用于分析一些用其他检测器无法检测的无机气体，如 H_2、O_2、N_2、CO、CO_2 等。

（二）记录系统

检测器产生的电信号经放大后，由记录仪记录得到色谱图。现代的气相色谱仪实现了由计算机实时控制、进行数据采集和处理。现代的记录系统功能全、自动化程度高、可进行分析数据的批量处理，提高了数据结果分析的准确度和工作效率。

▶ **课堂活动**

在气相色谱分析中，测定下列组分宜选用哪种检测器，为什么？

（1）有机溶剂中微量水；（2）藿香正气水中的乙醇。

五、气相色谱仪的使用及日常维护

（一）气相色谱仪的一般操作规程

气相色谱仪的一般操作程序为：通载气→开机→实验测量与数据处理→关机→关载气。

1. 通载气　首先检查气路密封性，然后打开载气气源，调节载气压力或流速为合适值。

2. 开机　载气流速上升并稳定大约 5 分钟后，打开气相色谱仪的电源开关。打开计算机及工作站（或由仪器操作键盘）设置气化室温度、柱温箱温度、检测室温度、桥电流、采样时间和积分方法等操作参数。

（1）TCD 的操作：①TCD 升温并恒定一段时间后，将"TCD、FID 转换键"置于 TCD 上（配有 FID 和 TCD 两种检测器的气相色谱仪），打开热导电源开关；②调节桥电流到合适的值。

（2）FID 的操作：①FID 升温并恒定一段时间后，将"TCD、FID 转换键"置于 FID 上，打开 FID 放大器的电源开关；②调节助燃气和燃气流速，待气体流速稳定后点火；③点火，点按"点火"开关，观察基线，若基线已不在原来位置，说明氢火焰已点燃（也可用改变 H_2 的流速或将光亮金属片放到检测器出口来确定氢火焰是否点燃，若基线随着氢气的流速改变而移动或金属片表面有水汽凝聚，都说明火已点燃，反之，则没有点燃）。

3. 实验测量与数据处理　待基线稳定后调节基线零点，然后进样分析。手动进样，用微量注射器吸取适量的试样，微量注射器的针头垂直穿过进样口顶部的硅橡胶垫，迅速进样，同时点击"数据采集"或"启动"按钮，进行色谱数据采集与分析。分析结束，保存实验数据，对数据进行分析处理。

4. 关机　若采用 FID，应首先关闭 H_2 和空气，使氢火焰熄灭。将各部件的温度设置为 70℃ 以下，待各部件的温度降至规定值后关闭工作站、主机电源及计算机。

▶ **课堂活动**

气相色谱仪的载气什么时候通入仪器，什么时候关闭？为什么？

5. 关载气　关载气，盖上仪器防尘罩。

（二）气相色谱仪的日常维护

1. 净化管的维护　净化管中的净化剂需要清洗，烘干后再连接入气路系统。硅胶变色后应取出，在一定条件下活化后再填入净化管使用。

2. 进样系统的维护　①微量注射器的维护：微量注射器使用前要先用丙酮等溶剂洗净，使用后立即清洗处理，除去残留的化学试剂。微量注射器忌用浓碱性溶液洗涤，否则会腐蚀玻璃和不锈钢零件。②气化室的维护：气化室内的不锈钢套管中插有石英玻璃衬管，应及时清洗保持干净；进样口密封垫的作用是防止漏气，密封垫在使用多次后会失去密封作用，还可能会造成进样口管道阻塞，应经常更换。

3. 色谱柱的老化　色谱柱的老化能延长色谱柱的使用寿命,有助于获得好的分析结果。新购进的色谱柱、长期使用的色谱柱以及长时间不使用的色谱柱在使用前通常需要进行老化处理。色谱柱老化的方法多采用气体流动法。操作步骤为:将色谱柱的顶端与气化室相连,出口端不连接检测器,一般通 5～10ml/min 流速的载气,以 2～4℃/min 的升温速度将色谱柱柱温升至低于固定相的最高使用温度 20～30℃,老化 12～24 小时,至基线平稳。

4. 检测系统维护　①TCD:检测器在通电状态下一定确保载气通过检测器,否则热丝会有被烧断的危险;载气中的氧气会缩短热丝的寿命,需要彻底清除。②FID:为防止检测器被污染,检测器温度设置不应低于色谱柱实际工作的最高温度;喷嘴和气路管道的清洗方法是:断开色谱柱,拔出信号收集极;用一细钢丝插入喷嘴进行疏通,并用丙酮、乙醇等溶剂浸泡。

▶ **课堂活动**

　什么情况下色谱柱需要老化处理?色谱柱老化的目的是什么?

点滴积累 ∨ ....

1. 气路系统分析条件选择　气体的净化、气路的检漏、载气流量的选择和控制。
2. 进样系统分析条件选择　进样方式、进样量及气化室温度选择。
3. 分离系统分析条件选择　色谱柱分类(填充柱、毛细管柱)及选择及色谱柱柱温选择。
4. 检测器分类及分析条件选择　根据分析对象选择合适检测器,载气种类、检测器温度等的选择。
5. 气相色谱仪的一般操作程序为　通载气→开机→实验测量与数据处理→关机→关载气。载气最先开,最后关。

第三节　气相色谱法的应用

一、定性分析方法

气相色谱的定性分析就是确定色谱图中各色谱峰所代表的是何种化合物。气相色谱分析的优点是能对混合物中的多种组分进行分离、分析,其缺点是当缺乏标准参考物质时对未知物的定性分析较困难。

(一) 保留值定性

1. 已知物对照定性　在完全相同的色谱分析条件下,同一物质应具有相同的保留值。保留值比较法要求色谱分析条件要十分稳定,并通过多次改变实验条件如色谱柱固定相、柱长、柱温、载气流速等,将目标组分的保留值和标准品的保留值进行比较,若两者均一致说明目标组分和标准品可能是同一物质,否则不是同一物质。或将标准品加入到试样中,根据某色谱峰增高定性。

2. 相对保留值定性　相对保留值只和柱温以及固定相的性质有关,常用 r_{is} 表示,r_{is} 是指组分 i 和标准品 s 的调整保留值之比,如式(9-2):

$$r_{is} = \frac{t'_{Ri}}{t'_{Rs}} = \frac{V'_{Ri}}{V'_{Rs}}$$

式(9-2)

式中，t'_{Ri}、t'_{Rs}分别为组分 i 和标准品 s 的调整保留时间；V'_{Ri}、V'_{Rs}分别为组分 i 和标准品 s 的调整保留体积。

相对保留值定性法是在试样中加入文献规定的标准品，按文献规定的柱温和固定相实验，比较实验测得的相对保留值与文献数据的一致性，如果一致则该组分可能是文献中所对应的物质，反之，则不是。

3. 保留指数定性 保留指数是以正构烷烃系列作为标准，用与目标组分相邻的两个正构烷烃（两个正构烷烃的碳原子数分别为 n 和 n+1）的相对保留值来标定该组分，这个相对值称为保留指数，又称科瓦茨（Kovats）指数，用 I 表示，如式（9-3）：

$$I_x = 100\left[\frac{\lg t'_{R(x)} - \lg t'_{R(n)}}{\lg t'_{R(n+1)} - \lg t'_{R(n)}} + n\right] \qquad \text{式（9-3）}$$

式中，$t'_{R(x)}$为待标定组分 x 的调整保留时间；$t'_{R(n)}$、$t'_{R(n+1)}$分别为碳原子数为 n 和 n+1 的正构烷烃的调整保留时间。

实验方法是将待标定的组分与相邻的正构烷烃混合后在给定的实验条件下进行实验分析，或将两者分别在给定的实验条件下进行实验分析，计算待标定组分的保留指数，然后与文献值比较定性。恒温气相色谱法可以不使用标准品，只要柱温和固定相与给定实验条件一致，就可以用文献中的保留指数为参考对组分进行定性分析。

（二）化学反应定性

试样中的组分经色谱柱分离后，依次分别通入官能团分类试剂中，观察分离后的组分与试剂是否发生沉淀反应、颜色变化等，来判断该组分具有什么官能团或属于哪类化合物。

（三）气相色谱与其他检测仪器联用定性

气相色谱仪作为分离手段和其他定性、结构分析性能强的仪器联合使用进行定性。如气相色谱-质谱联用、气相色谱-红外光谱仪联用、气相色谱-核磁共振仪联用。

▶ **课堂活动**

气相色谱主要有哪些定性方法？依据是什么？

知识链接

GC-MS

Holmes 和 Morrel 于 1957 年实现了气相（GC）和质谱（MS）的联用。1965 年商品化 GC-MS 联用仪器问世。

GC 是 MS 理想的进样器，MS 是 GC 理想的检测器，将两者结合可实现试样中组分的分离和定性鉴别及定量分析。色谱法中所用的检测器如 TCD、FID 等都有局限性，而 MS 灵敏度高，几乎可以检测全部化合物。GC-MS 分析中，GC 分离复杂的混合物，MS 用于纯物质的定性分析，可以推断化合物的分子结构、测定组分的相对分子质量等。GC-MS 不适用于对异构体的辨别，不适用于热稳定性差、相对分子质量较大化合物的分析。

二、定量分析方法

气相色谱法定量分析的依据是在实验条件(色谱柱、温度、载气种类和流速等)恒定时,组分的量与组分峰的峰面积(或峰高)成正比。现代气相色谱仪一般都带有数据处理机或色谱工作站可以自动积分、计算各组分峰的峰面积。

由于同一检测器对不同的物质具有不同的响应值,即使是相同质量(或浓度)的不同组分得到的峰面积也不相同,所以不能用峰面积直接计算组分的量。为了使检测器产生的响应信号能真实反映组分的量,定量分析中引入定量校正因子。

(一) 校正因子

用定量校正因子校正后的色谱峰峰面积可以定量地代表组分的量。

1. 绝对校正因子 f_i' 是指单位峰面积所代表的组分的量。即:

$$m_i = f_i' A_i \qquad\qquad 式(9\text{-}4)$$

式中,f_i'为组分 i 的绝对校正因子;m_i、A_i分别是组分 i 的质量和峰面积。

2. 相对校正因子 绝对校正因子不易准确测量,并随实验条件而变化,故在实际工作中一般采用相对校正因子f_{is}。f_{is}是指组分 i 与标准物质 s 的绝对校正因子之比,通常称为校正因子,如式(9-5):

$$f_{is} = \frac{f_i'}{f_s'} = \frac{m_i/A_i}{m_s/A_s} = \frac{A_s m_i}{A_i m_s} \qquad\qquad 式(9\text{-}5)$$

当 m_i、m_s以物质的量(摩尔,mol)计算时,相对校正因子称为摩尔校正因子,当 m_i、m_s以体积(V)计算时,相对校正因子称为体积校正因子。

组分的校正因子可从手册或文献查找,也可自己测定。测定时准确称取一定量的纯组分 i 和标准物质 s,配成 i 和 s 的混合溶液,在试样测定条件下,取一定量混合液注入气相色谱分析,测得纯组分 i 和标准物质 s 的峰面积,按式计算校正因子。

▶▶ **课堂活动**

　　色谱定量分析方法中为什么要使用定量校正因子?

(二) 定量方法

1. 归一化法 归一化法即用单一组分的峰面积与其校正因子的乘积占所有组分峰峰面积与其校正因子乘积总和的百分比来表示,计算如式(9-6):

$$\omega_i(\%) = \frac{m_i}{m_1 + m_2 + \cdots + m_n} \times 100\% = \frac{f_i A_i}{\sum_{i=1}^{n}(f_i A_i)} \times 100\% \qquad\qquad 式(9\text{-}6)$$

例题 9-1 用归一化法测定某试样中苯系物。进样分析各组分色谱峰面积和定量校正因子如下,计算各组分含量。

组分	乙苯	邻二甲苯	间二甲苯	对二甲苯
平均峰面积(min·mV)	160	100	150	90
f_i	0.97	0.98	0.96	1.00

解：$\omega_{乙苯}\% = \dfrac{160 \times 0.97}{160 \times 0.97 + 100 \times 0.98 + 150 \times 0.96 + 90 \times 1.00} \times 100\%$

$\qquad\qquad = 31.86\%$

其他组分含量计算同乙苯，含量分别为 20.11%、29.56%、18.47%。

若各组分的相对校正因子相近或相同，如同系物中沸点接近的各组分，则式（9-6）可以简化为式（9-7）：

$$\omega_i = \dfrac{A_i}{A_1 + A_2 + \cdots + A_n} \times 100\% \qquad\qquad 式（9-7）$$

在一定操作条件下，对于半峰宽不变的狭窄色谱峰，可以用峰高代替峰面积进行定量分析。

归一化法的特点及要求：①归一化法简便、准确；②进样量的准确性和操作条件的微小变动对测定结果影响不大；③仅适用于试样中所有组分全出峰的情况。

2. 外标法　用待测组分的纯品作对照物，以对照物和试样中待测组分的响应信号相比较进行定量的方法。分为标准曲线法和外标对比法。

（1）标准曲线法：是用待测组分的纯品作对照物，配制一系列不同浓度的标准溶液系列，分别进行色谱分析，以标准溶液系列峰面积（A）对其浓度（c）或量绘制工作曲线（A-c 曲线或拟合线性方程），在相同操作条件下，对试样进行色谱分析，计算出试样中待测组分的峰面积，根据工作曲线（或线性方程）获得组分量的定量方法。标准曲线法见图9-7所示。

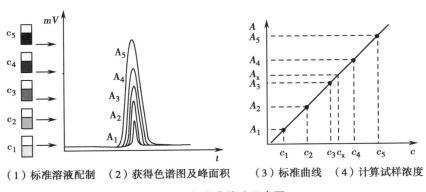

（1）标准溶液配制　（2）获得色谱图及峰面积　（3）标准曲线　（4）计算试样浓度

图9-7　标准曲线法示意图

标准曲线法以一条标准曲线为参考标准可以测定多个试样，但是要求进样量的重现性和色谱分析条件的稳定性要好。标准曲线法不适于多目标组分分析。

┌─**边学边练**────────────────────────────────
　　学习标准曲线法的应用，操作过程及计算请参见实验实训项目9-1 气相色谱法测定乙醇中的水分。
└──

（2）外标对比法：又称外标一点法，当工作曲线线性良好，且通过原点时可以用已知某浓度的 i 组分的标准溶液，多次进样，计算峰面积的平均值，在相同操作条件下，取相同体积的试样进行色谱分析，计算组分 i 峰面积，按式（9-8）计算组分 i 的量。

$$m_i = \frac{A_i}{A_s} m_s \qquad\qquad 式(9\text{-}8)$$

式中,m_i、A_i分别为试样溶液中目标组分 i 的量及峰面积;m_s、A_s分别为标准溶液的量和峰面积。

例题 9-2 利用 GC 外标法测定某样品中 A 组分,检测器为 FID。称取 A 的标准品(99.5%)2.1mg,用超纯水溶解并定容至 100.00ml,摇匀,得标准溶液。称取待测的某样品 0.500g,用超纯水溶解并定容至 10.00ml,摇匀,得试样溶液。分别取标准溶液和试样溶液各 0.5μl,经 GC 法测定,得标准溶液中 A 的出峰时间为 2.78 分钟,组分 A 的平均峰面积为 3686。试样溶液中出峰时间为 2.78 分钟的组分峰的平均峰面积为 2949,求某样品中 A 组分的含量?

解:$\dfrac{0.5 \times \omega\%}{10.00} \times v = \dfrac{2949}{3686} \times \dfrac{2.1 \times 10^{-3} \times 99.5\%}{100.00} \times v$ （v 为进样体积）

$\omega\% = 0.033\%$

外标法的特点及要求:①不需要校正因子,准确性高;②其他组分是否出峰对目标组分的定量无影响;③目标组分与其相邻组分要完全分离,实验操作条件稳定,进样量的准确性要求高,标准品的纯度高;④适用于大批量试样的快速分析。

3. 内标法

(1)内标法:内标法是将一种不同于目标组分 i 的纯物质 s 作为内标物加入到试样中,进行色谱定量分析的方法称为内标法,计算如式(9-9):

$$\omega_i = \frac{f_i A_i}{f_s A_s} \times \frac{m_s}{m} \times 100\% \qquad\qquad 式(9\text{-}9)$$

式中,m 为试样的质量;m_s 为内标物的质量;f_i、A_i分别为目标组分 i 的定量校正因子和峰面积;f_s、A_s分别为内标物 s 的定量校正因子和峰面积。

进样量和色谱操作条件的微小变化对内标法定量结果的影响不大,因此内标法多用于标准和规定较严格的方法中。

(2)内标对比法:内标对比法是内标法的单点校正法,又称内标一点法。目标组分的量在内标标准曲线的线性范围内时,可以采用不需要配制标准溶液系列的内标对比法对组分进行定量分析。

内标对比法是先将目标组分 i 的纯物质配制成标准溶液,在标准溶液中加入一定量的内标物 s,作为标准参考溶液;再将相同量的内标物 s 加入相同体积的试样溶液中;分别取上述两种溶液以相同体积进样分析,按式(9-10)计算组分含量:

$$(c_i\%)_{样品} = \frac{(A_i/A_s)_{样品}}{(A_i/A_s)_{标准}} \times (c_i\%)_{标准} \qquad\qquad 式(9\text{-}10)$$

式中,c_i、A_i分别为组分 i 的浓度和峰面积;A_s 为内标物 s 的峰面积。

例题 9-3 采用内标对比法测酊剂中乙醇的含量。标准溶液配制:准确移取无水乙醇 5ml 及无水丙醇(内标物 s)5ml 于 100ml 容量瓶中,加水稀释至刻度,摇匀。试样溶液配制:准确移取酊剂样品 10ml 及无水丙醇(内标物 s)5ml 于 100ml 容量瓶中,加水稀释至刻度,摇匀。待基线平稳后,将标准溶液和试样溶液分别进样 0.1μl,记录峰面积。各组分峰的平均峰面积,标准溶液中 $A_i=616$、$A_s=984$,试样溶液中 $A_i=485$、$A_s=982$。计算酊剂中乙醇的含量。

解:$(c_{乙醇}\%)_{酊剂}=\dfrac{(485/982)_{样品}}{(616/984)_{标准}}\times5\%\times\dfrac{100}{10}$　$\left(\dfrac{100}{10}\text{为稀释倍数}\right)$

$\qquad\qquad\qquad =39\%$

内标对比法不需测定校正因子,还可以消除由于某些操作条件改变而引入的误差,是一种简化的内标法。

内标物要求:①试样中不存在的纯物质;②挥发度、极性、溶解度等与目标组分性质接近;③不与试样中其他组分发生化学反应;④内标物的加入量接近于目标组分,内标物峰的位置位于目标组分附近。

内标法的特点及要求:①内标法可有效地校正响应信号的波动,减少或消除试样的基质效应,但是每次分析都要称取(或量取)试样和内标物,不适于做快速分析;②在试样前处理前加入内标物,可以部分补偿组分在试样前处理过程中的损失;③内标法只须内标物和目标组分在选定色谱条件下出峰,且在线性范围内即可,但操作复杂,色谱分离要求高,内标物不易寻找。

边学边练

学习内标法的应用,操作过程请参见实验实训项目 9-2 气相色谱内标对比法测定酊剂中乙醇含量。

4. 标准溶液加入法　精密称(量)取目标组分标准品适量,配制成适当浓度的标准品溶液,取一定量,精密加入到试样溶液中,根据外标法或内标法测定目标组分含量,再扣除加入的标准溶液含量,即得试样溶液中目标组分的量。

也可按下述公式进行计算,加入标准溶液前后校正因子应相同,即:

$$\frac{A_{is}}{A_x}=\frac{c_x+\Delta c_x}{c_x}\qquad\qquad\text{式(9-11)}$$

式中,c_x、A_x分别为试样溶液中目标组分 x 的浓度和色谱峰面积;Δc_x为所加入的已知浓度的目标组分标准品的浓度;A_{is}为加入标准品后组分 x 的色谱峰面积。

则目标组分的浓度 c_x还可通过公式(9-12)进行计算:

$$c_x=\frac{\Delta c_x}{(A_{is}/A_x)-1}\qquad\qquad\text{式(9-12)}$$

由于气相色谱法的进样量少,为减小进样误差,当采用手动进样时,宜采用内标法定量;当采用自动进样器时,在保证分析误差的前提下,也可采用外标法定量。当采用顶空进样时,可采用标准溶液加入法,以消除基质效应的影响;当标准溶液加入法与其他定量方法结果不一致时,应以标准加入法的结果为准。

三、应用与实例分析

在药物分析中气相色谱分析技术广泛的用于物质含量、杂质检查、中药挥发性成分测定、微量水分和有机溶剂残留量的测定等多方面的分析。

1. **鉴别** 常利用色谱峰保留时间进行定性,即在相同的色谱条件下,分别取供试品溶液和对照品溶液进样,记录色谱图,供试品溶液主峰的保留时间应与对照品溶液一致。例如,多烯酸乙酯的鉴别。

2. **检查** 可以采用内标法、外标法、面积归一化法和标准加入法检查杂质。例如,头孢地嗪钠中残留溶剂检查,采用内标法;氨苄西林钠中残留溶剂检查,采用外标法;恩氟烷中有关物质检查则采用的是面积归一化法。

3. **含量测定** 可以采用外标法、内标法和标准加入法进行含量测定。例如,《中国药典》采用内标加校正因子法测定扑米酮片含量;采用外标法测定天然冰片的含量。

实 例 分 析

实例一 丁香中丁香酚的含量测定。

丁香是桃金娘科植物丁香的干燥花蕾。丁香具有温中降逆,补肾助阳的作用。用于脾胃虚寒,呃逆呕吐,食少吐泻,心腹冷痛,肾虚阳痿等症。

《中国药典》(2015 版)丁香中丁香酚的含量采气相色谱仪进行测定,采用外标法定量。丁香中含丁香酚($C_{10}H_{12}O_2$)不得少于 11.0% 。

【含量测定】照气相色谱法(通则 0521)测定。

1. **色谱条件与系统适用性试验** 以聚乙二醇 20000(PEG-20M)为固定相,涂布浓度为 10%;柱温 190℃。理论板数按丁香酚峰计算应不低于 1500。

2. **对照品溶液的制备** 取丁香酚对照品适量,精密称定,加正己烷制成每 1ml 含 2mg 的溶液,即得。

3. **供试品溶液的制备** 取本品粉末(过二号筛)约 0.3g,精密称定,精密加入正己烷 20ml,称定重量,超声处理 15 分钟,放置至室温,再称定重量,用正己烷补足减失的重量,摇匀,滤过,取续滤液,即得。

4. **测定法** 分别精密吸取对照品溶液与供试品溶液各 1μl,注入气相色谱仪,测定,即得。

5. **数据记录与处理**

(1)定性:记录对照品丁香酚的保留时间与供试品溶液中的各组分峰的保留时间比较,确定供试品溶液中的丁香酚色谱峰。

(2)定量:根据实验获得丁香酚对照品浓度 c_s,丁香酚对照品峰面积 A_s,以及供试品溶液中组分丁香酚的峰面积 A_i,依据外标一点法计算供试品溶液中丁香酚的浓度 c_i,进而计算丁香中丁香酚的含量。

实例二 维生素 E 软胶囊中维生素 E 的含量测定。

维生素 E(vitamin E)是一种脂溶性维生素,其水解产物为生育酚,是最主要的抗氧化剂之一。

《中国药典》(2015 版)维生素 E 片、维生素 E 软胶囊、维生素 E 注射液、维生素 E 粉中维生素 E 的含量测定采用气相色谱仪进行测定,采用内标法定量。维生素 E 软胶囊中含合成型或天然型维生素 E($C_{31}H_{52}O_3$)应为标示量的 90.0% ~110.0% 。

【含量测定】 照气相色谱法（通则 0521）测定。

1. 色谱条件和系统适用性试验 以硅酮（OV-17）为固定相,涂布浓度为 2%,或以 HP-1 毛细管柱(100% 二甲基聚硅氧烷)为分析柱;柱温 265℃。理论塔板数按维生素 E 峰计算不低于 500(填充柱)或 5000(毛细管柱),维生素 E 峰与内标物质峰的分离度应符合要求。

2. 校正因子的测定 取正三十二烷适量,加正己烷溶解并稀释成每 1ml 中含 1.0mg 的溶液,作为内标溶液。另取维生素 E 对照品约 20mg 精密称定,置棕色具塞瓶中,精密加内标溶液 10ml,密塞,振摇、溶解;取 1~3μl 注气入相色谱仪,计算校正因子。

3. 测定法 取内容物,混合均匀,取适量(约相当于维生素 E 20mg),精密称定,置棕色具塞瓶中,精密加内标溶液 10ml,密塞,振摇、溶解;取 1~3μl 注入气相色谱仪,测定,计算,即得。

> **点滴积累** ∨
>
> 1. 定性分析常用的方法 保留值定性、保留指数定性、化学定性、气相色谱与其他检测仪器联用定性。
> 2. 定量分析常用的方法 归一化法、外标法、内标法和标准溶液加入法。

复习导图

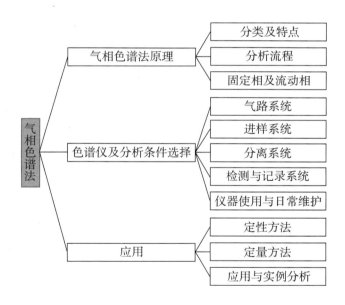

目标检测

一、填空题

1. 气相色谱仪主要由_____、_____、_____、_____、_____组成。

2. 色谱流出曲线(色谱图)的横坐标是_____,纵坐标是_____。

3. 气相色谱固定相的选择一般遵循_____、_____、_____。

4. 气相色谱质量型检测器的代表有_____,浓度型检测器的代表有_____。

5. 气相色谱法常用的定量方法有_____、_____、_____、_____。

二、判断题

(　　)1. 测定乙醇中的微量水分选择配有 FID 的气相色谱仪最佳。

(　　)2. 色谱流出曲线中组分的峰面积(或峰高)的大小与组分的量成正比。

(　　)3. 气相色谱分析中(TCD)载气与组分的热导系数尽可能接近。

三、简答题

1. 色谱定性的依据是什么？主要有哪些定性方法？

2. 气相色谱仪的气路系统如何检漏？色谱柱常用的老化方法是什么？

3. 柱温、载气流速分别对色谱分析有什么影响？分析操作中怎样选择柱温和载气流速？

4. 简述归一化法和内标法定量法分别适用于什么情况，它们各有哪些优缺点。

四、计算题

1. 某五元混合物进行气相色谱分析，得到下列数据：

组分	A	B	C	D	E
A	68	120	85	96	132
相对校正因子 f_{is}	0.76	0.87	0.95	0.90	0.97

计算各组分的百分含量。

2. 用 GC 分析某试样中苯的含量。已知浓度为 80mg/L 的苯标准品，进样 1μl，苯标准品溶液色谱峰的平均峰面积为 14 320，保留时间为 3.29 分钟。取含苯的某试样 10.00ml 稀释至 100.00ml 为试样溶液，取试样溶液 1μl，在与苯标准品相同的色谱条件下进样分析，在 3.29 分钟处色谱峰的平均峰面积为 13 604。

(1) 求试样的稀释倍数 n；

(2) 求某试样中苯的浓度。

ER-09章习题

拓展资源

制 备 色 谱

　　气相色谱法按应用领域不同，分为分析色谱、制备色谱和工业生产流程用色谱。制备色谱通常用于有机合成产物的纯化和天然药(产)物的分离。制备色谱与分析色谱极为相似，但制备色谱为分离制备一种或多种纯物质，获得大量的样品，通常要增大色谱柱的容量。

　　制备色谱系统包括载气系统、进样系统、检测系统、收集系统和程序控制系统五个部分。

1. 载气系统　制备色谱的载气消耗量大，一般选择 N_2 或空气做载气。

2. 进样系统　制备色谱的气化室配有单向阀，防止气化后的样品反冲。液体或气体的进样量达 0.1 ~ 10ml。

3. 检测系统　制备色谱的检测器主要用于定性，常用 FID。制备色谱采用柱后分流，大部分样品分流后进入收集系统，极少部分样品进入检测器进行定性检测。

4. 收集系统　进入收集系统的不同组分在不同的冷阱中被冷凝成液体或结晶物。

5. 程序控制系统　制备色谱中时间控制模式是常用的程序控制，仪器依据保留时间设定的时间控制程序将试样的注入、打开或关闭冷阱收集产品等操作自动控制完成。

（梁芳慧）

第十章

高效液相色谱法

ER-10章PPT

导学情景 ∨

情景描述

曾被世界卫生组织称为"世界上唯一有效的疟疾治疗药物"青蒿素挽救了全球数百万人的生命。我国科学家屠呦呦因创造性地研制出青蒿素和双氢青蒿素，获 2015 年诺贝尔生理学或医学奖。青蒿素从菊科植物黄花蒿的茎叶中提取，在药材的种植与青蒿素的提取分离过程中会涉及许多问题，如青蒿素含量最高的黄花蒿产地、药材的最佳采集时间、可获得最高提取率的提取方法和提取溶剂等，这些问题借助高效液色谱法的测定结果则可获得满意的答案。

学前导语

高效液相色谱法是在药物分析上最重要的分析方法，广泛应用于药物的含量测定、鉴别与检查等方面。本章将介绍高效液相色谱法的类型、特点、固定相与流动相、仪器的部件与基本操作等内容，为药物分析的学习与将来的分析检验工作奠定基础。

第一节　方法原理

高效液相色谱法（high performance liquid chromatography, HPLC）是在经典液相色谱法的基础上，引入气相色谱法的理论和技术而发展起来的一种色谱法。这一方法的流动相为高压液体，对于混合物具有优异的分离分析性能，广泛应用于化学化工、医药、环保、农业等诸多领域。

一、高效液相色谱法的特点与分类

（一）高效液相色谱法的特点

1. 分析速度快　由于高效液相色谱仪采用高压流动相运送样品，分析时间通常为数分钟至数十分钟。自动进样器与分析软件的使用，使仪器操作与数据处理更为便捷，总体分析时间较经典液相色谱法明显缩短。

2. 柱效高　由于色谱柱采用了粒径低达 $2 \sim 10 \mu m$ 的新型固定相，理论塔板数通常在 $10^4 \sim 10^6$ 之间，柱效很高。

3. 灵敏度高　高效液相色谱仪配备的各种检测器均可达到很高的灵敏度，可检出含量很低的物质。

4. 结果重复性好 高效液相色谱仪的高压泵与进样器等主要部件均具有很高的精确度,因而测定结果的重复性很好。

5. 应用范围广泛 高效液相色谱法对于试样的要求比气相色谱法低,只要求样品能制成溶液即可分析,因而可检测的样品比气相色谱法多。气相色谱法可检测约20%的化合物,而高效液相色谱法可检测约80%的化合物。

6. 其他特点 高效液相色谱柱使用寿命长;组分柱后回收容易,可用于制备高纯度样品;仪器使用上较气相色谱法安全。

(二) 高效液相色谱法的分类

为适应不同类型物质的分析需要,高效液相色谱法发展了多种分离机制的色谱法。

1. 液-液分配色谱法 这是高效液相色谱法中应用最广的一种色谱法,是根据组分在两相中的分配能力不同而进行分离的色谱法,目前固定相通常采用化学键合相。根据固定相和流动相的极性大小,液-液分配色谱法又分为正相高效液相色谱法与反相高效液相色谱法,约80%的分析采用反相高效液相色谱法。

2. 液-固吸附色谱法 是根据硅胶、氧化铝、高分子多孔微球、分子筛及聚酰胺等固定相相对组分的吸附能力不同而进行分离的色谱法。应用于非离子型化合物、几何异构体等物质的分离分析。

3. 分子排阻色谱法 是以具有一定孔径的亲水硅胶或凝胶等多孔性填料为固定相,根据固定相与各组分的排阻能力差异而进行分离的色谱法。应用于高分子化合物如多肽、蛋白质、核酸等的分离。

4. 离子交换色谱法 是以离子交换树脂或离子交换键合相为固定相,利用不同离子对固定相亲合力的差别实现分离的色谱法。应用于无机或有机离子、氨基酸、糖类等物质的分离分析。

5. 其他方法 为满足实践的需要,还发展了多种其他机制的高效液相色谱法。如在流动相中添加了离子对试剂的离子对色谱法;采用手性色谱柱进行手性物质分离的手性色谱法;结合色谱与电泳两种机理的电色谱法;采用亲和吸附剂上的配基对被分离组分的亲和能力不同进行分离的亲和色谱法等。

二、固定相与流动相

(一) 固定相

高效液相色谱中的固定相(即填料)的类型很多,如硅胶、化学键合固定相、高分子微球、包覆聚合物柱填料、微粒多孔碳填料等。

有些物质如硅胶、氧化铝和高分子多孔微球等等,可直接作为液-固色谱法的固定相使用。而液-液色谱法、离子色谱法等方法中使用的固定相,则需在一定的基质上,键合上特定功能的基团后才可使用。

高效液相色谱填料的基质(也称载体或担体)一般分为两种,一种是陶瓷性质的无机物基质,另一种是有机聚合物基质。无机物基质有硅胶、氧化铝和氧化锆等,具有机械强度良好、在溶剂中不容易膨胀的特点,常用于小分子量化合物的分析。有机聚合物基质有交联苯乙烯-二乙烯苯、聚甲基丙烯酸酯等,具有易压缩、小分子溶剂或溶质易渗入而导致填料膨胀的特点,通常用于分子排阻和离子交换色谱固定相。

高效液相色谱法固定相中,应用最广的是液-液分配色谱法中使用的化学键合相,了解其性质和种类等有助于色谱柱的正确选择。

1. 化学键合相的性质　化学键合相是指以无机物基质为载体,通过化学反应将各种不同基团键合到基质表面上所得到的固定相。化学键合相利用形成稳定的化学键将功能基团牢牢结合在基质表面,因而使用寿命长,化学性能稳定,热稳定性好,选择性高,适于梯度洗脱,是目前应用最广、性能最佳的固定相。

知识链接

化学键合相

　　化学键合相制备时,常用烷烃二甲基氯硅烷或烷氧基硅烷与硅胶表面的游离硅醇基反应形成 Si—O—Si—C 键形的单分子膜而制得。化学键合相的性能与粒径、孔径、表面积、覆盖度、含碳量、键合类型及载体形状等因素有关。其中覆盖度是指参与反应的硅醇基数目占硅胶表面硅醇基总数的比例。覆盖度小的非极性键合相,键合相表面的疏水性较弱,对极性溶质特别是碱性化合物易产生次级化学吸附,使碱性组分的峰形拖尾。因此有些厂家在键合反应后,用三甲基氯硅烷（TMCS）等试剂对键合相进行"封端"处理以提高其稳定性。但也有些厂家为使非极性键合相与水系流动相较好的"湿润"性能,保持较小的覆盖度。因而相同键合基团的键合相,产品性能也会有很大差别。

---

2. 化学键合相的种类　化学键合相按键合的官能团划分,可分为非极性键合相、极性键合相、离子交换键合相等。

（1）非极性键合相:是目前应用最广泛的键合相,键合的基团为烷基、苯基和苯甲基等,其中十八烷基硅烷键合硅胶(简称 ODS 或 C_{18})的烷基链较长,样品容量大,稳定性很高,是应用最广泛的键合相(图 10-1);其次为辛基硅烷键合硅胶(C_8)和苯基硅烷键合硅胶。非极性键合相适合与极性较强的流动相配伍,构成反相色谱分离模式,用于非极性至中等极性试样的分离。利用特殊的反相色谱技术,例如在流动相中添加离子抑制剂或离子对试剂,非极性键合相也可用于离子型或可离子化化合物的分离。

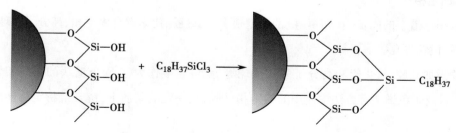

图 10-1　ODS 化学键合相键合原理

（2）极性键合相:极性键合相键合的基团是氰基(—CN)、氨基(—NH_2)和二醇基(DIOL)等极性较大的基团,与极性较弱的流动相配伍,构成正相色谱分离模式,用于中等极性和极性较强试样的分离。其中,二醇基键合硅胶适用于有机酸、甾体和蛋白质等物质的分离;氰基键合硅胶对双键异构体或含双键数不等的环状化合物分离有较好的选择性;氨基键合硅胶常应用于甾体、糖类、强心甙的分析,不用于羰基化合物的分离。氰基键合硅胶与氨基键合硅胶也可作反相色谱的固定相。

（3）离子交换键合相:是在有机硅烷分子中键合离子交换基团,用于离子型化合物的分离。可分为含季铵基或氨基的阴离子交换键合相和含磺酸基或羧酸基的阳离子交换键合相两类。

（二）流动相

在色谱柱选定之后,流动相的选择是分离最关键的因素。

1. 对流动相的要求

（1）化学稳定性好且不含有任何腐蚀性物质:流动相不能与固体相或组分发生任何化学反应,应不改变填料的任何性质。

（2）配制流动相的试剂纯度要高:纯度不高试剂配制的流动相中含有微量杂质与固体颗粒,会污染和损坏色谱柱,并使检测器噪声增加或产生"伪峰"。要求用于配制流动相的试剂等级均在色谱级以上,用于配制流动相的水是新制的且达到一定要求的高纯水或二次蒸馏水。

（3）流动相的黏度要低:作为流动相的溶剂黏度越高,产生的柱压越高,分析时间越长,过高的柱压可能导致色谱柱性能降低与泵的损坏;同时流动相的黏度越高,分离时组分的扩散系数越小,传质阻抗越高,柱效变低,因而宜选择低黏度溶剂作为流动相。最常用的低黏度溶剂有甲醇、乙腈、丙酮、环己烷等。

（4）流动相的种类选择恰当:要求流动相对待测样品有良好的溶解度,以避免样品组分在柱中析出。流动相的种类应与化学键合相种类及所使用的检测器相匹配。

2. 流动相的种类　在高效液相色谱分析中,可作为流动相的溶剂种类很多,通常采用二元或三元溶剂作为流动相,流动相中溶剂的比例可以灵活调节,因而流动相的选择范围较大。

反相色谱法流动相通常以水为主体,加入一定量与水互溶的有机溶剂如甲醇、乙腈、异丙醇、丙酮、四氢呋喃等,最常用的反相色谱流动相为甲醇-水和乙腈-水。在分析酸性或碱性物质时,为改善分离效果或增加组分的溶解度,常在流动相中加入少量弱酸（如醋酸）、弱碱（如氨水）或缓冲盐（如磷酸盐及醋酸盐）等来调节流动相的 pH。

正相色谱法流动相为极性较低的疏水性溶剂,通常是在正己烷、环己烷、庚烷,辛烷等烷烃中加入一定量的乙醇、异丙醇、四氢呋喃、乙腈、三氯甲烷等具有一定极性的溶剂。由于疏水性溶剂的沸点低、黏度小,因此色谱柱入口压力低,柱易于平衡,特别适合梯度洗脱,易实现保留值的重现性和色谱峰的对称性。

离子交换色谱法的流动相为具有一定 pH 的缓冲溶液。通常在流动相中加入一定量的甲醇来增加某些酸碱物质的溶解度,通过改变缓冲盐的浓度控制其离子强度以达到改善分离效果的目的。低交联度的离子交换键合相遇到某些有机溶剂会溶胀或收缩,从而改变色谱柱性

▶▶ **课堂活动**

正相色谱法与反相色谱法组分的洗脱次序有何不同?

▶▶ **课堂活动**

反相色谱法中,某极性组分的保留时间太短,此时应增大还是降低流动相的极性?

质,应避免使用这些有机溶剂。

3. 流动相的使用

（1）使用前过滤:高效液相色谱柱的内径和填料粒径很小,流动相中的固体颗粒易造成色谱柱的堵塞和柱压升高,使用寿命缩短,同时也会损害进样器与高压泵,因此须使用固体颗粒含量达标的流动相或在使用之前用微孔滤膜过滤流动相以除去固体颗粒。过滤时通常采用 0.45μm 或 0.22μm 的滤膜,应注意滤膜的类型和使用范围,每张滤膜只能用一次。

（2）使用前脱气:流动相中如果溶解较多的气体,会在流路中产生气泡,造成检测器噪音增加及灵敏度下降,溶解的氧气可能会使样品中某些组分被氧化。因此,流动相使用前须采取一定的方法脱出溶解其中的气体。

知识链接

流动相脱气方法

常用的流动相脱气方法有:①超声脱气:将装有流动相的容器置于超声波清洗仪中,以水为介质进行超声脱气。 该法方便易操作,且不影响流动相的组成。 ②吹氦脱气:利用液体中氦气的溶解度比空气低的原理进行脱气, 氦气经由一个圆筒过滤器通入流动相中, 保持大约15分钟。 该法简便,适用于各种流动相的脱气,但成本高。 ③在线真空脱气:利用膜渗透技术进行在线脱气。 该法通过仪器智能控制, 成本低, 脱气效果明显,并适用于多元溶剂体系。

（3）根据样品特点选择适当的洗脱方式:在使用流动相时有等度洗脱（恒组成洗脱）和梯度洗脱两种方式。等度洗脱是在分析周期内流动相的组成保持恒定的洗脱方式。等度洗脱方法简便、柱易再生,适合于组分少、性质差别小的样品。梯度洗脱又称为梯度淋洗或程序洗脱,是使用两种或两种以上不同极性的溶剂作流动相,在分离过程中按一定程序不断改变流动相配比的洗脱方式。梯度洗脱可提高混合物分离度,缩短分析时间,改善色谱峰形,增加检测灵敏度,适合于复杂样品的分离。

（4）调节恰当的流动相 pH:色谱柱的说明书中通常会规定其使用的 pH 范围,使用时不得超出规定范围。如色谱柱采用残余硅羟基未封闭的硅胶为基质,其流动相应在 pH 2~8 范围内以使用,以避免造成硅胶的溶解。在分析酸性或碱性物质时,为获得更好的分离效果,也应调节恰当的 pH,如分析碱性药物时流动相的 pH 常调整为 7~8,分析酸性药物时流动相的 pH 常调整为 3~4。

> ▶ **课堂活动**
>
> 在梯度洗脱过程中,流动相的哪些性质会发生改变? 梯度洗脱与等度洗脱相比较,有哪些缺点?

（5）调节恰当的流速:流速对组分的出峰时间和分离度均有影响。流动相的流速可在 0.01~10ml/min 内调整,常用的流速为 1ml/min。

（6）其他事项:分析前保证足够的流动相;以水或缓冲液为流动相时,需经常更换水或缓冲液以防止长菌变质,一般使用不超过 2 天;流动相宜回收并注意使用安全;应尽可能少用含有缓冲液的流动相,必须使用时,应尽可能选用较低浓度的缓冲

ER-10-1

流动相的配制

液;应用紫外检测器检测时,注意流动相中各种溶剂的紫外吸收截止波长。

点滴积累 ∨

1. 高效液相色谱法的分类　液-液分配色谱法,液-固吸附色谱法,分子排阻色谱法,离子交换色谱法,离子对色谱法,手性色谱法,电色谱法,亲和色谱法等。

2. 高效液相色谱固定相　有硅胶、化学键合固定相、高分子微球、包覆聚合物柱填料、微粒多孔碳填料等。化学键合相可分为非极性键合相、极性键合相、离子交换键合相等。

3. 对流动相的要求　化学稳定性好且不含有任何腐蚀性物质,配制流动相的试剂纯度要高,黏度要低,流动相的种类选择恰当。

4. 流动相的使用　使用前过滤、脱气,调节恰当的流速及流动相的 pH,采用合适的洗脱方式。流动相宜新制、足量、安全使用,与检测器匹配。

第二节 高效液相色谱仪

高效液相色谱仪主要由输液系统、进样系统、分离系统、检测系统和数据处理系统五部分组成(图 10-2)。

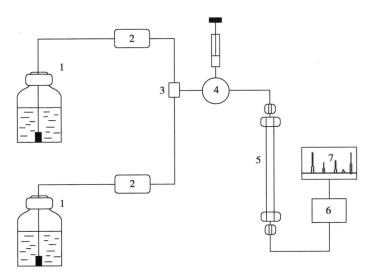

图 10-2　高效液相色谱仪示意图
1. 储液瓶　2. 高压泵　3. 混合器　4. 进样器　5. 色谱柱
6. 检测器　7. 计算机

一、仪器基本结构

(一) 输液系统

输液系统包括储液瓶、脱气装置、高压输液泵、梯度洗脱装置等部件。

1. 储液瓶　储液瓶的作用是用来贮存足够量的流动相,材质为玻璃、氟塑料或不锈钢等,容量通常为 0.5～2L,瓶中配有溶剂过滤器,以防止流动相中的颗粒进入泵内。

2. 高压输液泵　简称高压泵或输液泵,其功能是将贮液瓶中流出的常压流动相变成高压送入液路系统。按工作原理可分为恒压泵和恒流泵,目前广泛使用的是柱塞往复式恒流泵。高压泵输出流动相的压力可达到 15～50MPa,流量可在 0.01～10ml/min 范围内精密调节并维持恒定,耐腐蚀,便于清洗,密封性能好,死体积小。

3. 梯度洗脱装置　梯度洗脱有低压梯度(又称外梯度)和高压梯度(又称内梯度)两种方式。低压梯度装置是流动相按一定的比例在常压下先混合再泵入色谱柱,只需一台高压泵即可,成本较低;高压梯度装置是先将溶剂分别用不同的高压泵增压后,再经混合后注入色谱柱,高压梯度所需高压泵在两台以上,精度高,不易产生气泡,易于实现控制的自动化。

4. 脱气装置　用于排除贮液瓶至高压泵的流路中的气体,主要部件是排气阀。

(二) 进样系统

进样系统的作用是把分析试样送入色谱柱进行分离。

进样装置通常为六通进样阀和自动进样器两种。六通进样阀须采用手动进样,即用平头注射器吸取一定量的样品注射到进样阀的定量管中,通过转动进样阀的手柄至进样位置把一定量的样品注入流路中,如图 10-3 所示。由于定量管的容积是固定的,因此进样重复性好。现在大多数仪器配备自动进样器,通过分析软件上程序的设置,仪器可自动完成取样、进样、洗针等一系列进样过程。自动进样方式的进样结果准确,重复性好,节省大量人力,适合于批量分析。

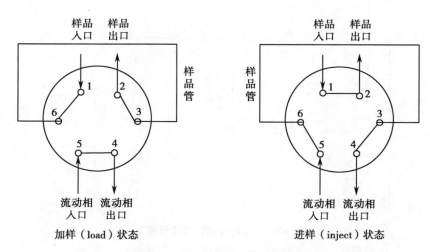

图 10-3　六通进样阀工作原理示意图

HPLC 的进样量根据色谱柱的柱容量确定,分析柱进样量范围通常为 5～50μl。

(三) 分离系统

分离系统包括色谱柱、恒温箱等主要部件。

1. 色谱柱　色谱柱由内部抛光的不锈钢柱管、色谱柱填料、滤片、压帽、密封环、螺丝等组成,通常为直形。高效液相色谱技术可用于混合物中各组分的定性与定量分析,也可用于制备纯物质,不同的实验目的与要求,所用的色谱柱的内径、填料的粒径以及长度也不同。常规的分析型色谱柱内径一般为 3.9~4.6mm,填充剂粒径为 3~10μm,柱长 15~25cm。近年发展的超高效液相色谱其柱内径一般为 1~3mm,填充剂粒径达 2μm 以下,柱长为 15cm 或更短。制备型的色谱柱内径一般在 6mm 以上,若为生产需要,可达几十厘米。

为保护色谱柱,通常在色谱柱的前端接上保护柱(也称预柱),保护柱的填料通常与分析用色谱柱一致。

2. 柱温箱　柱温箱的功能在于调节温度与维持色谱柱温度恒定。调节适当的柱温可改善传质,提高柱效与分离度,缩短分析时间;维持色谱柱温的恒定有助于提高分析结果的重复性。高效液相色谱仪的柱温箱精度可达(±0.1~±0.5)℃。

(四) 检测系统

检测器是高效液相色谱仪的关键部件。高效液相色谱仪检测器的种类较多,如紫外检测器(UVD)、蒸发光散射检测器(ELSD)、示差折光检测器(RID)、荧光检测器(FLD)、电化学检测器(ECD)和质谱检测器(MSD)等。

1. 紫外检测器(UVD)　适用于测定具有紫外吸收的试样,测定灵敏度高、噪音低、线性范围宽、对样品没有破坏作用、适用于梯度洗脱,是 HPLC 中应用最广的检测器,可测定约 80% 的样品。二极管阵列检测器(DAD)属于紫外检测器,因采用了二极管阵列而非单一的光电二极管进行透射光检测,可得到包含分析时间、色谱与光谱三方面信息的三维图谱,即可在获得样品色谱图的同时获得每个色谱峰对应组分的紫外吸收光谱图,主要适用于复杂样品如生物样品、中草药等的定性定量分析。

2. 蒸发光散射检测器(ELSD)　是将流出色谱柱的液体引入通有载气(常用高纯氮气)的具一定温度的蒸发室,流动相被蒸发除去,而样品组分形成气溶胶被载气带入检测室,在激光或强光照射下,气溶胶产生散射光,通过测定散射光强度即可获得组分的浓度信息。ELSD 理论上可用于挥发性低于流动相的任何样品组分的检测,但检测灵敏度较低,通常作为紫外检测器的补充,用于糖类、高分子化合物、高级脂肪酸以及甾体类等化合物的检测。

3. 示差折光检测器(RID)　与 ELSD 都属于通用型检测器,折射率与流动相不同的组分,均可使用这种检测器进行检测。RID 操作简单,灵敏度低,对温度敏感,不适用于痕量分析和梯度洗脱,实际工作中常用于糖类化合物的检测。

4. 荧光检测器(FLD)　适用于本身有荧光或经衍生化后可以产生荧光的化合物检测,其灵敏度比紫外检测器高 2~3 个数量级,选择性好,但能产生荧光的物质不多,利用柱前衍生或柱后衍生技术可扩大该种检测器的应用范围。

5. 电化学检测器(ECD)　根据电极对具有电化学活性组分的响应进行测定,适用于具有电化学活性物质的测定,灵敏度很高,尤其适用于痕量组分分析,但干扰较多,对温度和流速的变化比较敏感。ECD 中的电导检测器适用于离子色谱的检测。

6. 质谱检测器(MSD)　同时具备高特异性和高灵敏度,既可用于定性又可进行定量分析。液-质联用仪(LC-MS)是目前功能最强大的分析工具之一。

常见检测器的适用对象及主要特点见表 10-1。

表 10-1　常见检测器及其特点

类型	适用对象	主要特点
UVD	具有紫外吸收的试样	灵敏度高,噪音低、线性范围宽,对样品没有破坏作用,适于梯度洗脱。其中的 DVD 检测器可同时获得组分的色谱与光谱信息
ELSD	挥发性低于流动相的任何样品组分	检测灵敏度比紫外检测器低,但可检测不具紫外吸收的试样
RID	折射率与流动相不同的组分	可测定的对象范围很广,但灵敏度低,不适用于梯度洗脱
FLD	具有荧光或经衍生化后可以产生荧光的化合物	灵敏度较紫外检测器高,但可用于检测的对象较少
ECD	具电化学活性的物质	灵敏度高,干扰多,对温度和流速的变化比较敏感
MSD	几乎所有物质	灵敏度高,既可定性又可定量

（五）数据处理系统

现代高效液相色谱仪均配备计算机及相应的色谱工作站。通过计算机上安装的分析软件,可实现对仪器的控制以及分析数据的处理。

二、仪器的使用方法和日常维护

（一）仪器的使用方法

高效液相色谱仪的种类很多,发展迅速,向着超高效、超微量、多维、联用等方向发展,但操作方法上大同小异,一般的操作方法如下。

1. 制备样品与流动相　仪器使用前须按要求制备足量的流动相。凡规定 pH 的流动相,使用精密酸度计调节 pH 后再使用。含水流动相须新鲜制备,并经 0.22μm 或 0.45μm 的微孔滤膜过滤和脱气后再使用。样品须经过滤或高速离心后方可使用,样品中不可含能阻死针头、进样阀或色谱柱的固体颗粒。成分复杂的样品的分析,可用固相萃取小柱对样品溶液进行预处理或采用保护柱。

2. 仪器开机及调试　仪器开机前先检查仪器上所连接的色谱柱是否可用于本次实验,开机后须先使用专用注射器或仪器的排气阀排除储液瓶到高压泵之间管路中的气体。排气后打开高压泵,将流速调节至分析用流速,用初始流动相平衡色谱柱一定时间。正式进样分析前 30 分钟左右开启检测器;在仪器调试过程中,要观察仪器工作状态,如色谱柱压力及光源显示灯是否正常等,及时正确处理各种突发事件。

3. 测定操作　通常先进行仪器各项方法参数的设定及保存,设定的参数包括流速、警戒压力、色谱柱柱温、光源及检测波长、分析与记录时间、梯度洗脱程序等。再进行关于样品测定有关各项参数的设定及保存,设定的参数包括样品名称与来源信息、进样量、进样次数、相应色谱图保存的位置及文件名等。待基线稳定后,即可进样。

4. 清洗和关机操作　分析结束后,先关闭检测器,再进行色谱柱、进样器、高压泵头等部件的清洗,清洗后方可关机。清洗色谱柱时,用适当的流动相冲洗色谱柱 30~60 分钟,正相柱保存于正己烷中,反相柱保存于高浓度甲醇或乙腈中。

高效液相色谱法的分析流程见图 10-4。

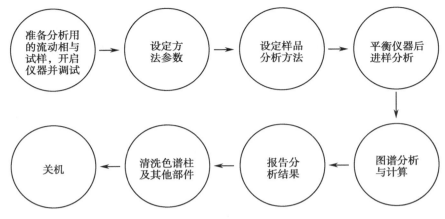

图10-4　高效液相色谱法分析流程

（二）仪器的日常维护

1. 高压泵的维护　高压泵是HPLC系统中最重要的部件之一，泵的性能好坏直接影响到分析结果的可靠性，因此正确使用与维护高压泵非常重要。使用与维护时注意以下几点：

（1）防止固体微粒进入泵体：否则会磨损柱塞、密封环、缸体和单向阀。首先流动相必须不含大于0.45μm的固体颗粒；其次在使用含有缓冲盐的流动相时应防止缓冲盐的析出。在停泵过夜或更长时间的情况下，留在泵内的缓冲液可能析出盐的微细晶体，这些晶体会附着在蓝宝石活塞杆上并随之往复运动，使活塞杆产生划痕，并磨损密封垫，造成漏液等故障现象，实验结束时对高压泵应进行充分清洗。

（2）实验前应配制足量的流动相：泵工作时若溶剂瓶内的流动相被用完，空泵运转会磨损柱塞、缸体或密封环，最终产生漏液，因此流动相应足量，实验中应检查流动相是否需要补充。

（3）实验中须设定系统的警戒压力：若输液泵的工作压力超过泵使用的最高压力，会使高压密封环变形，产生漏液。

（4）流动相使用前应脱气：流动相中溶解大量气体可能会在泵内产生气泡，影响流量的稳定性或导致高压泵无法正常工作。

2. 进样装置的维护　应用六通进样阀进样时，为防止缓冲盐和样品残留在进样阀中，每次分析结束后应用专用工具注入高纯水反复清洗进样阀。清洗溶液通常用水或先用能溶解样品的溶剂冲洗，再用水冲洗。进样时转动阀门不能太慢，更不能停留在中间位置，否则易造成流动相受阻泵内压力剧增而损坏进样阀。对于自动进样装置，应在实验中与实验后设置洗针程序以避免样品的污染以及保持进样针的洁净。

3. 色谱柱的维护　在色谱操作过程中，需要注意下列问题，以维护色谱柱。

（1）每次分析测定结束后，要用适当的溶剂清洗色谱柱。如色谱柱较长时间不使用，须将色谱柱充满适当的储存液并将柱两端密封室温保存。色谱柱的储存液若无特殊说明，反相柱用甲醇、乙腈，或者高比例的甲醇-水或乙腈-水溶液；正相柱用脱水处理后的纯正己烷，离子交换柱用含5%甲醇或含0.05%叠氮化钠的水。

（2）在色谱柱之前接上保护柱（也称预柱），尤其是复杂样品如生物样品或中药的分析。保护柱通常很短，易于更换，其固定相与分析用色谱柱固定相相同或相近。虽然连接保护柱会延长组分的保留时间并损失一定的柱效，但它可将样品和流动相中的有害污染物保留，保护分析用色谱柱，延长其使用寿命。

（3）流动相的 pH 和色谱柱的柱温不要超过该色谱柱说明书上相应的规定值。以硅胶为基质的色谱柱通常宜在 pH 2～8 范围内使用，使用的温度通常在 40℃ 以下。

（4）实验过程中应使用符合要求的流动相，应避免流动相组成、柱压、柱温等的急剧变化及任何机械震动。

（5）确保流动相和样品中不含有能造成色谱柱堵塞的固体颗粒。尽可能少用易析出盐结晶的缓冲液作为流动相，禁止将缓冲溶液留在柱内静置过夜或更长时间。

（6）避免用纯水冲洗 ODS 柱，避免可能会改变固定相表面性质的成分进入色谱柱内。

（7）通常在色谱柱的管外用箭头标示出流动相方向，安装色谱柱时应使流动相方向与其一致。

▶ **课堂活动**

高效液相色谱仪中的关键部件有哪些？

点滴积累　∨

1. 高效液相色谱仪主要由输液系统、进样系统、分离系统、检测系统和数据处理系统五部分组成。
2. 高效液相色谱仪检测器有　紫外检测器（UVD）、蒸发光散射检测器（ELSD）、示差折光检测器（RID）、荧光检测器（FLD）、电化学检测器（ECD）和质谱检测器（MSD）等。

第三节　高效液相色谱法的应用

一、定性分析方法

（一）保留值对比法

将对照品和样品在相同的条件下配制与测定，样品中某一组分的保留时间与对照品的保留时间一致，则可初步认定这两者为同一组分。

（二）两谱联用定性法

对于复杂样品的分析，样品中的许多成分未知，无法找到合适的对照品，此时须利用两谱联用定性法。两谱联用是将高效液相色谱与质谱、核磁共振、红外光谱等方法联用定性，目前这些联用仪均已商品化。通过联用仪的分析结果并结合文献，可以推断混合样品中可能存在的组分，再采用相应的对照品进行确证。

二、定量分析方法

高效液相色谱法与气相色谱法基本相同，最终的测定结果均以色谱图的方式呈现。高效液相色谱的定量分析方法有外标法、内标法与面积归一化法,方法原理与计算公式与气相色谱法一致。

外标法是高效液相色谱法中最常用的定量方法。由于高效液相色谱仪采用自动进样器或六通进样阀进样,具有很高的进样准确度,外标法的测定结果准确度也很高,但应用外标法须有与待测组分相应的对照品。若无合适对照品,采用内标法定量时,应考虑内标物是否含有干扰供试品测定的杂质。采用面积归一化法进行定量时,峰面积需经校正因子校正才可得到准确结果,较少采用。

三、应用与实例分析

高效液相色谱法具有高灵敏度、高准确度、高性能及高分析速度等特点,已成为混合物分离分析中应用最广和最有效的方法,也是《中国药典》中应用最为广泛的检测技术,主要应用于药品的鉴别、检查和含量鉴定。

实 例 分 析

实例一 青蒿素的含量测定。

青蒿素是一种抗疟药。《中国药典》(2015 版)中青蒿素原料药的含量测定采用高效液相色谱法,用外标法定量。青蒿素原料药中,按干燥品计算,含青蒿素应为 98.0% ～ 102.0% 。

1. **色谱条件与系统适用性试验** 用十八烷基硅烷键合硅胶为填充剂;以乙腈-水(60：40)为流动相;检测波长为 210nm。取本品与双氢青蒿素对照品各适量,加甲醇溶解并稀释制成每 1ml 中各约含 1mg 的混合溶液,取 20μl 注入液相色谱仪,双氢青蒿素呈现两个色谱峰,青蒿素峰与相邻双氢青蒿素峰的分离度应大于 2.0,理论板数按青蒿素峰计算不低于 3000。

2. **对照品溶液的制备** 取青蒿素对照品适量,精密称定,加甲醇制成每 1ml 含 1mg 的溶液,即得。

3. **供试品溶液的制备** 取本品约 25mg,精密称定,置 25ml 量瓶中,加甲醇溶解并稀释至刻度,摇匀,作为供试品溶液。

4. **测定法** 分别精密吸取对照品溶液与供试品溶液各 20μl,注入液相色谱仪,记录色谱图。

5. **过程分析**

(1) 该实验中,固定相种类、流动相组分、检测器类型、检测波长不可改变,其余的条件如色谱柱规格、流动相流速及比例、柱温、进样量、检测器的灵敏度等均可适当改变,以达到系统适用性试验的要求。

(2) 双氢青蒿素是青蒿素中的杂质,青蒿素峰与相邻双氢青蒿素峰的分离度大于 2.0,可保证被测组分与相邻组分完全分离。

(3) 甲醇在 210nm 的检测波长下有一定的紫外吸收,宜采用在此波长下无吸收的乙腈作为流动相。

(4) 在应用外标法定量时,通常配制的对照品溶液与供试品溶液浓度相当,进样量相同。

边学边练

学习外标法的应用，操作过程请参见实验实训项目10-1 高效液相色谱法测定肌苷口服溶液的含量。

实例二　克拉霉素中有关物质的检查。

克拉霉素是一种大环内酯类抗生素，其杂质影响药物安全性及疗效，需对其原料药进行有关物质的检查。

1. 溶液的制备　取本品适量，加流动相溶解并稀释制成每1ml中约含1.0mg的溶液，作为供试品溶液；精密量取5ml，置100ml量瓶中，用流动相稀释至刻度，摇匀，作为对照溶液。

2. 样品测定　照含量测定项下的色谱条件，精密量取供试品溶液与对照溶液各20μl，分别注入液相色谱仪，记录色谱图至主成分峰保留时间的4倍。供试品溶液色谱图中如有杂质峰，单个杂质峰面积不得大于对照溶液主峰面积的0.5倍(2.5%)，各杂质峰面积的和不得大于对照溶液主峰面积的1.2倍(6.0%)。

3. 过程分析

（1）药物中的有关物质包括起始原料、中间体、副产物、异构体、聚合体和降解产物等，它们的化学结构常常与药物类似，难以采用化学法和光谱法进行检查。高效液相色谱法能有效地将杂质与药物进行分离，故常用于药物的杂质检查。药物的含量测定若采用高效液相色谱法，可在相同的色谱条件进行杂质检查。

（2）高效液相色谱法检测杂质有外标法（杂质对照品法）、加校正因子的主成分自身对照测定法、不加校正因子的主成分自身对照法和面积归一化法等四种方法。克拉霉素中有关物质的检查采用的是不加校正因子的主成分自身对照法。这种杂质检查方法适用于无法得到杂质对照品、杂质结构与主成分相似的情况，在药物的有关物质检查中最为常用。

（3）单个杂质峰面积不得大于对照溶液主峰面积的0.5倍相当于单个杂质的含量不超过2.5%，各杂质峰面积的和不得大于对照溶液主峰面积的1.2倍相当于有关物质的总含量不超过6.0%。

边学边练

学习采用HPLC法检测药物中的杂质，操作过程请参见实验实训项目10-2 高效液相色谱法检查肌苷中的有关物质。

点滴积累 Ⅴ

1. 高效液相色谱定性分析方法　保留值对比法和两谱联用定性法。

2. 高效液相色谱的定量分析方法　有外标法、内标法与面积归一化法，方法原理与计算公式与气相色谱法一致。外标法是高效液相色谱法中最常用的定量方法。

复习导图

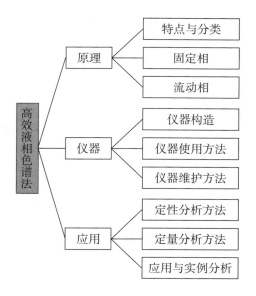

目标检测

一、填空题

1. 高效液相色谱法中最常用的反相色谱键合相是_____,它与_____和_____等流动相配伍可实现大部分物质的分析。

2. 高效液相色谱法流动相应采用纯度_____和黏度_____的试剂,使用前通常应进行_____和_____操作。

3. 高效液相色谱法的洗脱方式有_____和_____。

4. 高效液相色谱法中最常用的检测器是_____,最常用的定量方法是_____。

5. 高效液相色谱仪中将常压流动相转变为高压流动相的装置是_____,色谱柱通常为_____形。

二、判断题

( )1. 高效液相色谱法在应用上不如气相色谱法广泛。

( )2. 反相高效液相色谱法中流动相的极性高于固定相的极性。

( )3. 高效液相色谱柱通常可反向冲洗。

三、简答题

1. 高效液相色谱法的类型有哪些?

2. 高效液相色谱法对流动相有哪些要求?

3. 高效液相色谱法常用的检测器有哪些?

四、计算题

以高效液相色谱法测定青蒿素的含量,操作步骤如下:取本品26.4mg置25ml量瓶中,加甲醇溶解并稀释至刻度,摇匀,作为供试品溶液。另取对照品精密称定,加甲醇制成每1ml含1.06mg的对照品溶液。分别精密吸取对照品溶液与供试品溶液各20μl,注入液相色谱仪记录色谱图。结果显示对照品溶液中青蒿素的平均峰面积为4 562 645,而供试品溶液中青蒿素的平均峰面积为4 506 136。求青蒿素的含量。

拓展资源

梯　度　洗　脱

高效液相色谱法有等度和梯度两种洗脱方式。　等度洗脱是指在同一分析周期内流动相的组成保持恒定。　梯度洗脱是指在同一个分析周期内程序控制流动相的组成,如溶剂的极性、pH等。　采用梯度洗脱可以缩短分析时间、改善峰形、提高分离度等。

梯度洗脱有两种方式,即低压梯度(外梯度)洗脱和高压梯度(内梯度)。　低压梯度是指先预混合后,再加压,特点是易产生气泡、成本低;高压梯度是指先加压后,再混合,特点是混合精度高、需要两个泵,成本较高。

进行梯度洗脱时,由于多种溶剂混合,而且组成不断变化,因此必须重视以下问题:

1. 要注意溶剂的互溶性。　不相混溶的溶剂不能用作梯度洗脱的流动相,有些溶剂在一定的比例范围内混溶,超出范围就不互溶,使用时需要注意。　当有机溶剂和缓冲液混合时,有可能析出盐的晶体,尤其使用磷酸盐时需特别小心。

2. 梯度洗脱所用的溶剂纯度要求更高。　进行样品分析前必须进行空白梯度洗脱,以辨认溶剂杂质峰,因为弱溶剂中的杂质富集在色谱柱头,后会被强溶剂洗脱下来,影响结果的重现性。　用于梯度洗脱的溶剂需彻底脱气,以防止混合时产生气泡。

3. 混合溶剂的黏度会随组成而变化,因而在梯度洗脱时会出现压力的变化。　例如甲醇和水黏度都较小,当二者以相近比例混合时黏度会增大很多,此时的柱压大约是甲醇或水流动相时的两倍。　因此要注意防止梯度洗脱过程中压力超过输液泵或色谱柱能承受的最大压力。

4. 每次梯度洗脱之后必须对色谱柱进行再生处理,使其恢复到初始状态。　需让10 ~30 倍柱容积的初始流动相流经色谱柱,使固定相与初始流动相达到完全平衡。

（叶桦珍）

第十一章

ER-11章PPT

其他仪器分析法简介

导学情景 ∨

情景描述

在人类疾病的 DNA 诊断中，毛细管电泳可对致病基因做出快速及精密的鉴定。 采用毛细管电泳自动化分析，速度快，精密度高，所需样品量少，为法医科学和案件审判提高了效率，并减少了费用。

学前导语

毛细管电泳法在人类基因组和人类疾病分子医学等方面的研究做出了重大的贡献。 随着分析技术的不断发展，必将出现更加方便和先进的仪器和方法。 本章将介绍毛细管电泳法、质谱法、核磁共振波谱法、色谱联用技术及近红外光谱技术的基本知识。

第一节　毛细管电泳法

毛细管电泳法(CE)又称高效毛细管电泳(HPCE)，是经典电泳技术与现代微柱分离相结合的产物，是分析科学中继高效液相色谱之后的又一重大进展，它使分析科学从微升水平进入到纳升水平，并使单细胞分析乃至单分子分析成为可能。

一、毛细管电泳法的特点和分离模式

（一）毛细管电泳的特点

毛细管电泳是一类以高压直流电场为驱动力，毛细管为分离通道，依据样品中各组分之间淌度和分配行为的差异而实现分离的新型液相分离分析技术。 由于毛细管散热效率高，可应用高电压，使电泳分离效果大为改善。该技术可分析的成分小至有机离子，大至生物大分子如蛋白质、核酸等，可用于分析多种体液样本，如血清或血浆、尿、脑脊液及唾液等。它具有分析速度快、分离效率高、运行成本低、所需样品量少、应用广泛等特点。但毛细管电泳在迁移时间的重现性、进样准确性和检测灵敏度等方面要弱于高效液相色谱法，不利于制备性分离。

知识链接

电 泳 现 象

在电解质溶液中，带电粒子在电场作用下，以不同的速度或速率向其所带电荷相反电场方向迁移的现象称为电泳。阴离子向正极方向迁移，阳离子向负极方向迁移，中性化合物不带电荷，不发生电泳运动。

（二）毛细管电泳的分离模式

毛细管电泳法根据其分离机制的不同而具有不同的分离模式，下面介绍几种主要分离模式。

1. 毛细管区带电泳（CZE） 将待分析溶液引入毛细管进样一端，施加直流电压后，各组分按各自的电泳流和电渗流的矢量和流向毛细管出口端，按阳离子、中性粒子和阴离子及其电荷大小的顺序通过检测器。特别适合分离带电化合物，包括无机阴离子、无机阳离子、氨基酸、蛋白质等，不能分离中性化合物。

2. 胶束电动毛细管色谱（MEKC 或 MECC） 当操作缓冲液中加入大于其临界胶束浓度的离子型表面活性剂时，表面活性剂就聚集形成胶束，其亲水端朝外、疏水非极性核朝内，溶质则在水和胶束两相间分配，各溶质因分配系数存在差别而被分离。因此，胶束电动色谱可用于中性物质的分离，拓宽了毛细管电泳的应用范围。

3. 毛细管凝胶电泳（CGE） 是在毛细管中充填多孔凝胶作为支持介质进行电泳，其分离是基于筛分机制。主要用于测定蛋白质、多肽、DNA 等生物大分子，成为近年来在生命科学基础和应用研究中极为重要的分析工具。

4. 毛细管电色谱（CEC） 包含电泳和色谱两种机制，组分根据它们自身电泳淌度差异及其在流动相和固定相中分配系数的不同得以分离。毛细管电色谱结合了毛细管电泳法和高效液相色谱法的高选择性，是一种新型的微分离技术。

此外，还有毛细管等电聚焦电泳（CIEF）、毛细管等速电泳（CITP）、亲和毛细管电泳（ACE）等，均属于常用单根毛细管电泳，还有利用一根以上毛细管进行分离的阵列毛细管电泳和芯片毛细管电泳。

二、毛细管电泳装置

毛细管电泳系统的基本结构包括毛细管、直流高压电源、电极和电极槽、进样系统、检测器和数据处理系统。装置如图 11-1 所示。

毛细管和电解槽内充有相同组分和浓度的背景电解质溶液。样品在高电压作用下从毛细管进样端导入，带电粒子向与其所带电荷相反的电极方向移动。由于样品中各组分性质不同，其移动速度不同，因此，各组分按照其移动速度大小顺序，依次到达检测器，得到按时间分布的电泳图谱。

1. 毛细管 用弹性石英毛细管，内径 $50\mu m$ 和 $75\mu m$ 两种使用较多。根据分离度的要求，毛细管可选用 $20\sim100cm$ 长度；毛细管常盘放在管架上控制在一定温度下操作。

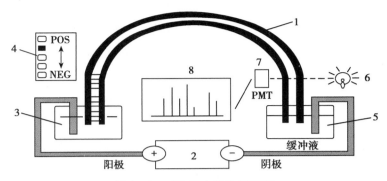

图 11-1 毛细管电泳仪示意图

1. 毛细管 2. 高压电源 3. 阳极缓冲溶液槽及样品入口 4. 五种样品离子 5. 阴极缓冲溶液槽 6. 光源 7. 光电倍增管(PMT) 8. 电泳图

2. 直流高压电源 采用 $0 \sim 30 kV$(或相近)可调节直流电源,可供应约 $300 \mu A$ 电流,具有稳压和稳流两种方式可供选择。

3. 电极和电极槽 两个电极槽里放入操作缓冲液,分别插入毛细管的进口端与出口端以及铂电极;钼电极连接至直流高压电源,正负极可切换。多种型号的仪器将试样瓶同时用做电极槽。

4. 进样系统 进样方法有压力(加压)进样、负压(减压)进样、虹吸进样和电动(电迁移)进样等。进样时通过控制压力或电压及时间来控制进样量。每次进样之前毛细管要用不同溶液冲洗。

5. 检测器 常用紫外-可见分光检测器、激光诱导荧光检测器、电化学检测器、质谱检测器等。其中以紫外-可见分光检测器应用最广。

6. 数据处理系统 与其他色谱数据处理系统相同,能记录并给出实验数据及图谱。

▶ **课堂活动**

按经典电泳理论,阳离子和阴离子分别向阴极和阳极迁移,在高效毛细管电泳中,为什么可以在阴极检测出所有离子?

知识链接

电渗流迁移率

毛细管电泳分离的一个重要特性是毛细管内存在电渗流。 在外加强电场之后,正离子向阴极迁移,与电渗流方向一致,但移动得比电渗流更快。 负离子应向阳极迁移,但由于电渗流迁移率大于阴离子的电泳迁移率,因此负离子慢慢移向阴极。 中性分子则随电渗流迁移。 可见阳离子、中性分子、负离子先后到达检测器。 实验证明,不电离的中性溶剂也在管内流动,因此利用中性分子的出峰时间可以测定电渗流迁移率的大小。

三、毛细管电泳法的应用

毛细管电泳法广泛应用于生命科学、医药科学、临床医学、分子生物学以及化学有关的化工、环保等各个领域,对有机化合物、无机离子、中性分子、手性化合物、蛋白质和多肽、DNA 和核酸片段等进行分析。现已成为当前最活跃的分离分析方法之一。

1. 药物定性与定量分析 毛细管电泳技术被药物分析工作者在药品检验领域迅速推广应用。它可用于几百种药物中主要成分、所含杂质的定性及定量分析。在临床药物分析中,可用于药物及其在体内的代谢过程研究。

2. DNA 的各种形式及 DNA 序列测定 在生命科学中,毛细管电泳技术可用来测定 DNA 的各种形式及 DNA 序列,用毛细管胶束电动色谱可以分离碱基、核苷酸等。

3. 大分子蛋白和多肽的检测 毛细管电泳在生物大分子蛋白和多肽的研究中应用十分广泛。可以进行纯度检测,例如可以检测出多肽链上的单个氨基酸的差异;与质谱联用,可以推断蛋白质的分子结构;利用手性选择剂,毛细管电泳技术的高分离能力在手性分离中极为重要,例如可采用胶束电动毛细管色谱分离抗肿瘤制剂中的顺铂和奥沙利铂。

点滴积累 ∨ ⋯⋯⋯⋯⋯⋯⋯⋯⋯⋯⋯⋯⋯⋯⋯⋯⋯⋯⋯⋯⋯⋯⋯⋯⋯⋯⋯⋯⋯⋯⋯⋯⋯⋯⋯⋯⋯⋯

> 1. 毛细管电泳法 它是将电泳的场所置于毛细管中的一种电泳分离方法,是高效液相色谱分析的补充。
> 2. 毛细管电泳法的特点 准确度高、灵敏度高、选择性好、适用范围广。

第二节 质谱法

质谱法(MS)是利用电磁学原理使待测化合物产生气态离子,再按质荷比(m/z)大小顺序将离子排列,进行分离、检测并记录,根据所得质谱图进行定性、定量和物质结构分析的方法。

质谱法具有分析速度快、灵敏度高、信息量丰富、样品用量少等特点,通常用来鉴定化合物,测定分子中氯、溴等的原子数,测定准确的分子结构及推测未知物的结构。

一、基本原理

(一)质谱仪

质谱仪主要由真空系统、进样系统、离子源、质量分析器和检测器等部分构成(图 11-2)。其中离子源和质量分析器是质谱仪的两个核心部件。

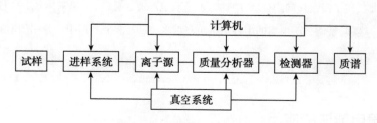

图 11-2 质谱仪组成示意图

质谱仪中离子的产生和经过的系统必须处于高真空状态。样品导入离子化室,电离为各种质荷比(m/z)的离子,而后被加速进入质量分析器。在磁场中,离子运动半径与其质荷比的平方根成正比,因而使不同质荷比的离子在磁场中被分离。依次改变磁场强度,可使各种离子按质荷比大小分离并依次到达检测器而被检测,记录各种质荷比的离子及其信号强度得到质谱图。

（二）质谱图

质谱图的表示方法主要有棒图（质谱图）及质谱数据表两种形式。

1. 棒图　是以质荷比（m/z）为横坐标、离子相对强度（又称相对丰度）为纵坐标构成。一般将原始质谱图上最强的离子峰定为基峰并定为相对强度 100% ,其他离子峰以对基峰的相对百分值表示。见图 11-3 所示。

2. 质谱数据表　是以质谱表格形式列出各峰的质荷比（m/z）值和对应的相对丰度。

（三）离子类型

1. 分子离子　分子电离失去一个外层价电子而形成带正电荷的离子,称为分子离子（母离子）;分子离子（母离子）在质谱中相应的峰,即为分子离子峰。分子离子峰特点：①一般位于质荷比最高位置;②质量数即是化合物的相对分子质量。

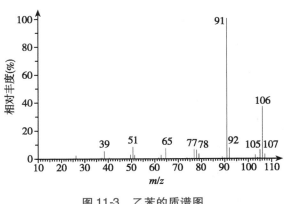

图 11-3　乙苯的质谱图

2. 碎片离子　分子在离子源中除产生分子离子外,还会产生各种不同质量的碎片离子,所以在质谱图上可以出现许多碎片离子峰。碎片离子的形成和化学键的断裂与分子结构有关,利用碎片离子峰可分析化合物的结构。

3. 同位素离子　多数元素具有轻质和重质两种稳定的同位素,例如元素碳具有 ^{12}C（轻质同位素）和 ^{13}C（重质同位素）。质谱图中,会出现比分子离子大 1 到几个质量单位的峰,这种由重质同位素形成的离子峰称同位素峰。

4. 亚稳离子　是指在向质量分析器飞行过程中发生裂解的母离子,由亚稳离子形成的质谱峰称为亚稳峰。

二、离子化方式与质量分析器

（一）离子化方式

离子源是质谱仪的心脏,其功能是将进样系统引入的气态分子转化为带电的离子。根据待测化合物的性质及拟获取的信息类型,可以选择不同的离子化方式。

1. 电子轰击离子化（EI）　处于离子源的气态待测化合物分子,受到一束能量（通常是 70eV）大于其电离能的电子轰击而离子化。适用于热稳定的、易挥发化合物的离子化,是气相色谱-质谱联用最常用的离子化方式。

2. 化学离子化（CI）　离子源中的反应气体（如甲烷）受高能电子轰击而离子化,与样品分子碰撞发生离子-分子反应,产生样品离子。化学离子化质谱中碎片离子较少,适宜于采用电子轰击离子化无法得到分子质量信息的热稳定的、易挥发化合物分析。

3.　**快原子轰击(FAB)或快离子轰击离子化(LSIMS)**　适合于各种极性的、热不稳定化合物的分子质量测定,广泛应用于分子量高达10 000的肽、抗生素、核苷酸等及表面活性剂的分析。

4.　**基质辅助激光解吸离子化(MALDI)**　主要用于分子量在100 000以上的生物大分子分析,适宜与飞行时间分析器结合使用。

5.　**电喷雾离子化(ESI)**　适合极性化合物和分子量高达100 000的生物大分子研究,是液相色谱-质谱联用、毛细管电泳-质谱联用最成功的接口技术。

6.　**大气压化学离子化(APCI)**　原理与化学离子化相同,但离子化在大气压下进行,是液相色谱-质谱联用的重要接口之一。

7.　**大气压光离子化(APPI)**　是利用光子使气相分子离子化。主要用于非极性物质的分析,是电喷雾离子化、大气压化学离子化的一种补充。

（二）　质量分析器

质量分析器是质谱仪的眼睛,其作用是将离子源产生的离子按质荷比(m/z)大小进行分离。质量范围、分辨率是质量分析器的两个主要性能指标。质量分析器主要有以下类型。

1.　**扇形磁场分析器**　可以检测分子量高达15 000的单电荷离子。当与静电场分析器结合、构成双聚焦扇形磁场分析器时,分辨率可达到10^5。

2.　**四极杆分析器**　由四根平行排列的金属杆状电极组成。可检测的分子量上限通常是4000,分辨率约为10^3。

3.　**离子阱分析器**　分四极离子阱(QIT)和线性离子阱(LIT),与四极杆分析器具有相近的质量上限及分辨率。

4.　**飞行时间分析器(TOF)**　具有相同动能、不同质量的离子,因飞行速度不同而实现分离。其质量分析上限约15 000道尔顿、离子传输效率高(尤其是谱图获取速度快)、质量分辨率>10^4。

▶▶ **课堂活动**

质谱仪主要由哪几个部件组成?各部件作用如何?

5.　**离子回旋共振分析器(ICR)**　质量分析上限>10^4道尔顿,分辨率高达10^6,质荷比测定精确到千分之一,可以进行多级质谱分析。

知识链接

质谱仪分类

质谱仪分为无机质谱仪、同位素质谱仪、有机质谱仪和生物质谱仪。其中,有机质谱仪用途最广。有机质谱仪可以从不同角度进行分类,按进样方式分类:①直接进样质谱仪;②气相色谱-质谱联用仪;③液相色谱-质谱联用仪。按离子化方式分类:①电子轰击质谱仪;②化学电离质谱仪;③快原子轰击质谱仪;④电喷雾电离质谱仪等。按质量分析器分类:①单聚焦质谱仪;②双聚焦质谱仪;③四极杆质谱仪;④飞行时间质谱仪;⑤离子阱质谱仪;⑥傅里叶变换质谱仪等。

三、质谱法的应用

质谱是纯物质鉴定的最有力工具之一,包括相对分子量测定、化学式确定及结构鉴定等。

1. 确定分子量　高分辨质谱中分子离子峰的质荷比的数值就是分子量。

2. 鉴定化合物　在相同条件下用同一装置,测定样品和相应标准品的质谱图,通过比较图谱进行鉴定。

3. 推测未知物的结构　在一定的实验条件下,各种分子都有自己特征的裂解模式和途径,产生各具特征的离子峰,包括其分子离子峰、同位素离子峰及各种碎片离子峰。从碎片离子获取的信息可以判断化合物的类型及可能含有的基团。

4. 测定分子中 Cl 和 Br 等的原子数　同位素含量高的元素可通过同位素峰强比及其分布特征推算这些原子的数目。

点滴积累 〤

1. 质谱法原理　试样分子或原子在离子源中被电离,电离加速后,在质量分析器的作用下,按质荷比大小分离聚焦。
2. 质谱仪的主要组成部分　质谱仪主要由高真空系统、进校系统、离子源、质量分析器、离子检测器及放大及记录系统等五部分组成。

第三节　核磁共振波谱法

核磁共振波谱(NMR)是指将自旋核放入磁场,并用特定频率的电磁辐射照射,原子核系统受到相应频率的电磁波作用时,在其磁能级之间发生的共振跃迁现象。检测电磁波被吸收的情况可以得到核磁共振波谱。利用核磁共振波谱来进行物质结构鉴定、定性和定量分析的方法称为核磁共振波谱法。

自 1953 年出现第一台商品化核磁共振仪,NMR 技术开始在化学领域得到应用,从最初的一维 ^1H 谱发展到^{13}C、^{31}P 等核磁共振谱、二维核磁共振谱等高级技术。核磁共振氢谱(^1H-NMR)能给出含氢官能团的信息,核磁共振碳谱(^{13}C-NMR)可给出丰富的碳骨架信息,两者可互为补充,用于化合物的结构解析。

一、基本原理

原子核具有质量并带正电荷,大多数核有自旋现象,在自旋时产生磁矩,磁矩的方向可用右手定则确定,核磁矩和核自旋角动量都是矢量,方向相互平行,且磁矩随角动量的增加成正比例增加。在外磁场的磁场强度(H_0)中,取向分为两种,一种与外磁场平行,另一种与外磁场方向相反。这两种不同取向的自旋具有不同的能量,与磁场强度同向的能量低,与磁场强度反向的能量高,两种取向的能差与外加磁场强度有关,外加磁场强度越大,能差越大。与磁场强度同向的自旋吸收能量后可以跃迁到较高能级,变为与磁场强度反向的自旋。电磁辐射可有效的提供能量,当辐射能量恰好等于跃迁所需的能量时,就会产生自旋取向的变化,即核磁共振。核磁共振波谱是一种专属性较好但灵敏度较低的分析技术。

二、核磁共振波谱仪与化学位移

(一) 核磁共振波谱仪

核磁共振波谱仪按扫描方式不同可分为连续波核磁共振波谱仪和脉冲傅立叶变换核磁共振波谱仪(PFT-NMR 或简称 FT-NMR),目前使用的大多数为后者。其组成部分主要包括超导磁体、射频脉冲发生系统、核磁信号接收系统、用于数据采集、处理及谱仪控制的计算机系统。基本结构示意图如图 11-4 所示。

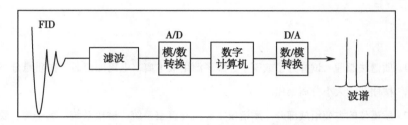

图 11-4 PFT 核磁共振波谱仪示意图

(二) 化学位移

原子核在一定强度的磁场中,由于共振吸收的缘故,要吸收一定频率的电磁辐射,并在核磁共振谱中的一定位置上出现吸收峰。由于原子核的性质不同,吸收电磁辐射的频率不同,而出现吸收峰的位置也不同。由于核外电子对原子核有一定的屏蔽作用,因此,原子核受核外电子屏蔽作用的影响,使吸收峰在核磁共振图谱中的位置发生移动。同种原子核当其所处的化学环境不同时,实际感受到的磁场的磁感强度不同,在核磁共振谱中产生吸收峰的位置也就不同。因此,把由于屏蔽效应的存在,所处化学环境不同的同种核共振频率不同的现象称为化学位移。

共振频率与外磁场强度 H_0 成正比,磁场强度不同,同一化学环境中的核共振频率不同。为了解决这一问题,常采用位移常数(δ)来表示化学位移:

$$\delta = \frac{(\nu_s - \nu_r)}{\nu_0} + \delta_r \qquad 式(11-1)$$

式中,ν_s 为样品中磁核的共振频率;ν_r 为参照物中磁核的共振频率;ν_0 为仪器的输出频率,MHz;δ_r 为参照物的化学位移值。

常用的化学位移参照物是四甲基硅烷(TMS),其优点是化学惰性;单峰;信号处在高场,与绝大部分样品信号之间不会互相重叠干扰;沸点很低(27℃),容易去除,有利于样品回收。

影响化学位移的因素有内部因素和外部因素。内部因素即分子结构因素,包括局部屏蔽效应、磁各向异性效应和杂化效应等;外部因素包括分子间氢键和溶剂效应等。

三、核磁共振波谱法的应用

核磁共振波谱法是结构分析的重要工具之一,在化学、生物、医学等研究工作中应用广泛。分析测定时,样品不被破坏,属于无破损分析方法。

1. 结构鉴定 可以推断有机化合物的结构。作为 ^1H 核磁共振谱,化学位移值可以提供化合物质子的基本类型,即官能团。通过各组峰的积分高度,可以推断每一官能团上氢核的数目;通过自旋裂分及偶合可以区分化合物中不同官能团之间的连接关系。最终推导出化合物结构。通常可以配合红外光谱、紫外光谱、质谱及元素分析等数据推断复杂化合物的结构。例如,采用核磁共振氢谱、碳谱数据,结合其他光谱及化学反应实验,最终确定了抗疟效果显著的青蒿素的化学结构。

核磁共振氢谱中,峰的数量就是氢的化学环境的数量,而峰的相对高度,就是对应的处于某种化学环境中的氢原子的数量。在图 11-5 中,甲氧基乙酸(CH_3OCH_2COOH)在核磁共振波谱中出现 3 个吸收峰。

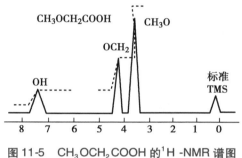

图 11-5 CH_3OCH_2COOH 的 ^1H -NMR 谱图

2. 定量分析 利用核磁共振谱中两个信号积分曲线(或强度)与产生这些信号的质子数成正比进行定量分析。这种方法不需绘制工作曲线,也不需要引进校正因子。

点滴积累 ∨

1. PFT 核磁共振波谱仪的主要部件 超导磁体、射频脉冲发生系统、核磁信号接收系统、用于数据采集、处理及谱仪控制的计算机系统。

2. 化学位移 由于屏蔽效应的存在,所处化学环境不同的同种核共振频率不同的现象称为化学位移(δ), δ 是核磁共振波谱用于结构分析的主要参数之一。

第四节 色谱联用技术

色谱联用技术包括两种:色谱联用技术和色谱与质谱、波谱联用的技术。本节将介绍色谱质谱联用技术。色谱质谱联用包括气相色谱质谱联用(GC-MS)和液相色谱质谱联用(LC-MS),液质联用与气质联用互为补充,分析不同性质的化合物。

一、气相色谱-质谱联用技术

气相色谱-质谱联用技术(GC-MS)是指用质谱作为气相色谱中的检测器而形成的一种分析方法。这种方法联合了质谱和气相色谱两者的优点。即气相色谱用于分离复杂成分,而质谱用于分析纯物质的结构,两者结合后,可在一次分析中达到分离及结构鉴定的目的。

（一）对气相色谱的要求

色谱分离柱的选择，必须采用充分老化或限制使用温度的方法，尽量避免色谱柱的固定液流失以降低质谱仪器检测噪声。必须根据接口部件的特点选择不同类型的色谱柱。

对载气亦有一定的要求，载气必须纯度高、化学稳定性好、易于和待测组分分离、易于被真空泵排出。通常在 GC-MS 中选用的载气为氦气，纯度在 99.995％ 以上。

（二）对质谱的要求

质谱仪器的真空系统必须具备效率高、排空容量大，以利于将载气最大限度地抽出质谱仪器，避免载气对待测样品的电离、分析等干扰。

质谱仪必须具备高的扫描频率：气相色谱分离高效、快速，色谱峰都非常窄，有的仅几秒钟时间。一个完整的色谱峰通常需要 6 个以上的数据采集点，质谱仪必须具备较高的扫描速度，才可能在很短的时间内完成多次全质量范围的扫描。

（三）分析方法

为了使每个组分都实现良好的分离与鉴定，必须设定合适的色谱和质谱分析条件。

色谱条件包括色谱柱的类型（填充柱或毛细管柱）、固定液种类、载气种类、载气流量、样品汽化温度、分流比、程序升温方式等。

质谱工作条件包括电离电压、扫描速度、扫描质量范围、扫描模式等。实验条件需要根据实际样品情况、实际测试需求进行设定。

（四）应用

气相色谱-质谱联用技术适用于低分子、易挥发、热稳定、能汽化的化合物的分析，尤其是挥发性成分的分析。该方法灵敏度高，在药品生产、质量控制和研究中有广泛的应用，特别是在中药挥发性成分的鉴定、食品和中药中农药残留量的测定、体育竞赛中兴奋剂等违禁药品的检测以及环境监测等方面，气质联用技术都是必不可少的工具。

二、液相色谱-质谱联用技术

液相色谱-质谱联用技术（LC-MS）既具有液相色谱的分离优势，又能通过质谱提供的碎片峰，为化合物结构的推测提供信息，由于不同化合物电离出的离子不同，质谱的高选择性提高了定量分析的灵敏度及准确度。

（一）对液相色谱的要求

在液相色谱-质谱联用中，液相色谱必须与质谱相匹配。首先是色谱流动相液流的匹配，包括液流的流速、稳定性等。液相色谱必须提供高精度的输液泵，以保证在低流速下输液的稳定性。对于分析柱，则最好选用细内径的分离柱，与低流量液相色谱相匹配，从根本上减轻液相色谱-质谱接口去除溶剂的负担。

（二）对质谱的要求

在液相色谱-质谱联用中，质谱仪的真空系统必须具备高效率和大排空容量，以利于将溶剂蒸气最大限度地抽出质谱仪,避免引入质量分析系统,对待测样品的分析造成干扰。

质谱仪应当具有较宽的质量测定范围,利于大分子、蛋白质等生物样品的分析。质谱仪应当匹配多种接口,利于互换以适应不同的待测样品分析需求。

(三) 分析方法

液相色谱-质谱分析得到的质谱过于简单,结构信息少,进行定性分析比较困难,主要依靠标准样品定性。当缺乏标准样品时,为了对样品定性或获得其结构信息,必须使用串联质谱检测器,将准分子离子通过碰撞活化得到其质量谱图,然后解释质谱图来推断结构。

用液相色谱-质谱进行定量分析,其基本方法与普通液相色谱法相同,采用与待测组分相对应的特征离子得到的质量色谱图或多离子监测色谱图进行分析,不相关的组分将不出峰,可以减少组分间的互相干扰。

(四) 应用

液相色谱-质谱联用技术适用于极性强、挥发度低、分子量大(蛋白、多肽、多聚物等)及热不稳定的混合有机物体系的分析测定。该法具有分析范围广、分离能力强、定性分析结果可靠、检测限低、分析时间快、自动化程度高等特点。广泛应用于药物分析、食品分析、环境分析和生命科学等领域。

点滴积累

1. 气相色谱-质谱联用技术　适用于低分子、易挥发、热稳定、能汽化的化合物的分析,尤其是挥发性成分的分析。
2. 液相色谱-质谱联用技术　适用于极性强、挥发度低、分子量大(蛋白、多肽、多聚物等)及热不稳定的混合有机物体系的分析测定。

第五节　近红外光谱技术

近红外光谱(NIR,波数 12 500 ~ 4000cm^{-1})是分子振动光谱,检测的是分子中化学键(主要是O—H、C—H、N—H)的倍频和合频振动信息,中红外光谱检测的是基频振动。

采用傅里叶变换技术,可以获得待测样品各成分的全部信息,具有以下特点:①包含信息量大,可同时测定多个组分;②便捷、快速,几分钟即可完成检测任务;③无损,测定时不破坏样品;④无污染,测定不用化学试剂等特点,逐渐为分析界所重视。

近红外光谱仪可以检测固体、液体样品,同时,近红外光谱的穿透能力较强,对固体的穿透能力可达几厘米,漫反射或散射分析检测信噪比高,因此对试样形状的要求低,除清澈的气、液、固态试样外,还可以检测粉末状、糊状、浆状、丝状或其他不规则试样,不需或很少需要试样进行预处理,便于实现快速、实时、在线分析和控制。维生素 C 的近红外光谱如图 11-6 所示。

由图 11-6 可见,近红外光谱谱峰重叠,直接解析的难度很高。但随着科学技术的进步与发展,近红外光谱技术与计算机和光纤技术相结合,给吸收弱、谱带复杂、重叠多的近红外光谱带来了生机,使其得到了广泛应用。采用透射、散射、漫反射等光学检测方法,可不使用化学试剂、不进行样品预处理,直接对各种不规则不透明的样品进行分析,并且玻璃和石英介质在近红外区是透明的,因此样品池可用玻璃或石英制成,成本较低,测定速度极快。

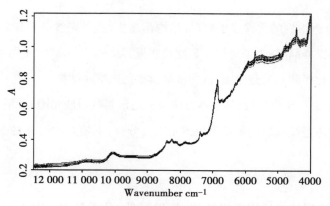

图 11-6　维生素 C 的近红外光谱

一、近红外光谱分析的基本流程

近红外光谱分析的步骤包括两个部分,首先是建立数学模型,检验和优化模型的稳定性;然后是应用数学模型,利用未知样品的近红外光谱,预测未知样品的含量或性质。

近红外光谱分析适合于大批量样品的分析。首先收集一批有代表性的、含量或性质已知的标准样品,构成校正样品集。在准确测定其近红外光谱后,利用数学的算法,包括逐步多元线性回归(SMLR)、主成分回归(PCA)、偏最小二乘(PLS)、人工神经网络(ANN)和拓扑(TP)等,建立光谱信息与含量或性质之间的数学关系,经统计验证,选择最适宜的数学模型。然后由一组已知含量或性质的样品构成检验集,通过对检验集中样品近红外光谱的测定,由建立的数学模型计算出相应组分的含量或性质,如果它与检验集的偏差在可接受的范围内,则该模型可用于未知样品的测定。对于未知样品,只要测定其近红外光谱,就可用所选定的数学模型预测出相应组分的含量或性质。

复杂样品可以不经分离,直接由近红外光谱通过不同的数学模型,测定其中多种成分或有关的多种物理、化学或生物学性质,其准确性很大程度上取决于数学模型及校正样品集的准确性与代表性。近红外光谱的定性分析(如药物的真伪鉴别)流程如图 11-7 所示。

对于定量分析,建模主要是分析训练集的近红外光谱与含量之间的数学关系,然后来预测未知样品的含量。近红外光谱的定量分析流程如图 11-8 所示。

二、近红外光谱分析在药品食品快速分析中的应用

1. 药物鉴别　近红外光谱结合峰位识别、主成分分析、判别分析、聚类分析、指纹鉴别、数据库统计学和化学方法,可以对不同种类、不同类型的药物或药物原料进行定性分析。

2. 水分分析　水分子在近红外区有一些特征性很强的合频吸收带,而其他各种分子的倍频与合频吸收相对较弱,使近红外光谱能够较为方便地测定药物和化学物质中水分的含量。

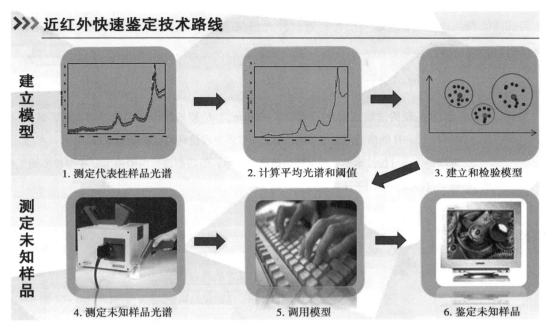

图 11-7 近红外定性分析流程

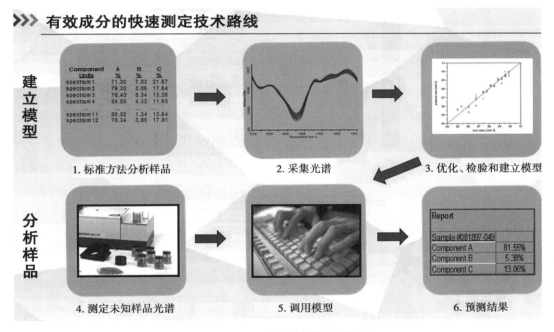

图 11-8 近红外光谱定量分析流程

3. **片剂及胶囊等的活性成分的测定** 通过合适的训练集,建立模型之后,可以对活性成分实现定量测定。

4. **中药的鉴别及分类** 由于不同中药有不同的成分组成,利用近红外光谱可以实现中药的鉴别、假劣药材识别、道地药材的判断及产地的区别等。

5. **制药过程在线分析** 目前部分厂家通过光纤探头,可以实现药品或食品生产的过程分析,及时发现产品的质量问题。

　　目前国家食品药品监督管理局已经将近红外光谱仪装上了快速检测车，实现特定种类药品检测，例如抗生素的快速打假。

点滴积累　∨

1. 近红外光谱的波数范围为 12 500 ～ 4000cm⁻¹，检测的是分子中化学键，主要是 O—H、C—H、N—H 的倍频和合频振动信息（中红外光谱检测的是基频振动）。

2. 近红外光谱分析技术是一种无损快速检验技术，但前期建立检验模型要花费较多的工作，整个过程需要借助于计算机进行。

复习导图

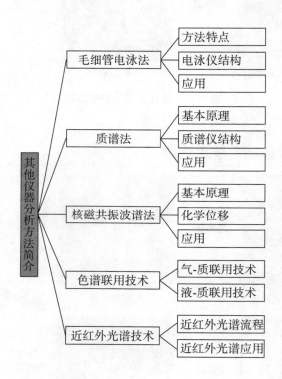

目标检测

一、填空题

1. 电泳仪的基本结构包括_____、_____、_____、_____、控制系统和数据处理系统。

2. 质谱仪的基本结构包括高真空系统、进样系统、_____、_____、和检测系统。

3. 核磁共振波谱仪的主要部件有磁铁、_____、_____、_____、样品管和记录系统等。

4. 质量分析器的作用是_____。

二、多项选择题

1. 质谱法可以对物质作（　　　）。

　　A. 定性鉴别　　　　　　B. 分子量测定　　　　　　C. 分离

　　D. 结构测定　　　　　　E. 旋光度测定

2. 下列属于核磁共振波谱仪的主要部件的是(　　　)。

　　A. 永久磁铁　　　　　　B. 射频振荡器　　　　　　C. 射频信号接收器

　　D. 样品管　　　　　　　E. 原子化器

3. 质谱仪器中采用的质量分析器有(　　　)

　　A. 扇形磁场　　　　　　B. 四极杆　　　　　　　　C. 离子阱

　　D. 离子源　　　　　　　E. 打拿极

三、简答题

1. 试阐述毛细管电泳法的特点。

2. 试说明质谱仪的主要部件及各部件作用。

3. 离子源的作用是？

（庞晓红　刘浩）

实验实训项目

实验实训项目1-1　葡萄糖注射液 pH 的测定

【实训目的】

1. 掌握 pH 计测定溶液 pH 的方法;

2. 会用直接电位法测定样品溶液的 pH;

3. 了解 pH 计的构造及工作原理。

【实训用品】

1. 仪器酸度计、复合电极、烧杯(50ml)、温度计。

2. 试剂混合磷酸盐标准缓冲溶液(pH=6.86)、邻苯二甲酸氢钾标准缓冲溶液(pH=4.00)、纯化水。

3. 样品葡萄糖注射液。

【实训内容与过程】

1. 实训内容　利用 pH 计测定葡萄糖注射液的 pH。

2. 实训过程

(1) 测定前准备:将复合电极夹在电极夹上,调节到适当位置。用纯化水清洗电极,清洗后用滤纸吸干。接通电源,预热30分钟。

(2) 仪器校正:将选择开关旋钮调到 pH 档;用温度计测定标准溶液温度,调节温度补偿旋钮指向测得的温度值;把斜率旋钮调到100%位置;将电极浸入 pH=6.86 的标准溶液中,调节定位旋钮,使仪器显示读数与该标准溶液的 pH 一致;然后,洗净电极,将电极浸入 pH=4.00 的标准溶液中,调节定位旋钮,使仪器显示读数与该标准溶液的 pH 一致,进行二次校正。

(3) 测定样品溶液的 pH:取样品适量,用水稀释制成含葡萄糖5%的溶液,每100ml 加饱和 KCl 0.3ml。用纯化水清洗电极头部,再用待测溶液清洗一次,把电极浸入待测溶液中,轻轻摇动烧杯使溶液均匀,待稳定后记录显示屏上 pH。

重复以上步骤测定3次,计算平均值。

3. 原始记录与数据处理

测定次数	pH（1）	pH（2）	pH（3）
pH 测量值			
pH 平均值			

规定值应为 3.2~6.5。

【注意事项】

1. 仪器校正时应选择与待测溶液 pH 最接近的标准缓冲溶液作为定位溶液。

2. 玻璃电极玻璃膜极薄,安装和测定时应防止触碰。

3. 仪器校正后,定位调节器不能再转动位置,否则须重新校正。

【问题讨论】

1. 温度补偿旋钮的作用是什么?

2. 如果待测溶液与标准溶液温度不一致时,应当如何操作?

【实训报告】

请参照附录模板格式完成实验实训报告。

实验实训项目 1-2　永停滴定法测定磺胺嘧啶的含量

【实训目的】

1. 掌握永停滴定法指示终点的原理及操作;

2. 会用永停滴定法测定磺胺嘧啶的含量。

【实训用品】

1. 仪器永停滴定仪、移液管、量筒、烧杯。

2. 试剂盐酸(1→2)、溴化钾、亚硝酸钠(0.1mol/L)滴定液、纯化水。

3. 样品磺胺嘧啶。

【实训内容与过程】

1. 实训内容采用永停滴定法,使用永停滴定仪测定磺胺嘧啶的含量。

2. 实训过程

（1）称量溶解:取磺胺嘧啶约 0.5g,精密称定,加盐酸(1→2)10ml 使溶解,加纯化水 50ml 和溴化钾 2g。

（2）滴定并确定终点:在电磁搅拌下将滴定管的尖端插入液面下约 2/3 处,用亚硝酸钠(0.1mol/L)滴定液迅速滴定,随滴随搅拌,近终点时,将滴定管尖端提出液面,用少量纯化水冲洗尖端,洗液并入溶液中,继续缓缓滴定,直至检流计发生明显的偏转,不再恢复,即滴定终点。

（3）数据记录与处理:记录所用 $NaNO_2$ 滴定液(0.1mol/L)的体积,并按下式计算磺胺嘧啶的百分含量。

测定次数	1	2	3
取样量(g)			
消耗滴定液体积(ml)			
结果计算	计算公式磺胺嘧啶% = $\dfrac{VFT}{取样量} \times 100\%$		
	计算过程及结果		

【注意事项】

1. 实验前,检查永停滴定仪线路连接和外加电压,并进行电极活化处理,临用时用水冲洗。

2. 待 HCl(1→2)溶液将样品溶解完全后,再加入水和 KBr 试剂。

3. 严格控制外加电压 80~90mV。

4. 酸度一般控制在 1~2mol/L 为宜。

【问题讨论】

1. 滴定过程中若用过高的外电压会出现什么现象?

2. 磺胺嘧啶含量测定时,为何要加入溴化钾?

【实训报告】

请参照附录模板格式完成实验实训报告。

（王　磊）

实验实训项目2-1　葡萄糖比旋度的测定

【实训目的】

1. 了解旋光仪的构造和旋光度的测定原理;

2. 熟练使用旋光仪测定物质的旋光度;

3. 会进行测量数据的计算与处理。

【实训用品】

1. 仪器　旋光仪、电子天平、容量瓶等。

2. 试剂　葡萄糖、氨水、纯化水。

【实训内容与过程】

1. 实训内容　取本品约 10g,精密称定,置 100ml 量瓶中,加水适量与氨试液 0.2ml,溶解后,用水稀释至刻度,摇匀,放置 10 分钟,在 25℃时,依法测定,比旋度为+52.6°至+53.2°。平行测定 2 次。

2. 实训过程

(1) 仪器的准备:打开电源开关,需经 5 分钟钠光灯激活后,使之发光稳定。仪器预热 20 分钟(若光源开关扳上后,钠光灯熄灭,则再将光源开关上下重复扳动 1~2 次,使钠光灯在直流下点亮,为正常)。

(2) 零点校正:将装有纯化水或其他空白溶剂的旋光管放入样品室,盖上箱盖,待示数稳定后按清零键。校正零点反复操作 3 次,取其平均值为空白值。旋光管安放时应注意标记的位置和方向。

(3) 样品测量:按实训内容要求配制溶液,在 25℃时,采用旋光计测定葡萄糖的比旋度,记录测量值。

(4) 结束工作:测试结束后,取出旋光管,依次关闭测量、光源、电源开关。清洗旋光管,晾干,放回旋光管盒备用。

（5）数据记录及结果计算

测定次数	第一次	第二次	第三次	平均值
样品 1 旋光度				
样品 2 旋光度				
比旋度	比旋度计算公式 $[\alpha]_D^{20}=\dfrac{100\times\alpha}{l\times c}$			
	计算过程与结果			

（6）结果判断：如果比旋度计算结果在规定的范围(+52.6°~+53.2°)内，则该项检查判为"符合规定"。

【注意事项】

1. 浑浊或含有混悬小颗粒的应过滤后再测定。

2. 温度对物质的旋光度有影响，测定时应注意环境温度，必要时，应对供试品进行恒温处理后，再进行测定。

3. 旋光仪在使用时，需通电预热几分钟，但钠光灯使用时间不宜过长。

4. 旋光管上的橡皮圈注意经常更换，老化后易漏溶液；测定时注意旋光管中不应有气泡，若有气泡，应先让气泡浮在凸镜处，否则影响测定的准确度。

5. 试管通光面两端的雾状水滴应用擦镜纸拭干，螺丝帽不宜旋得过紧，以免产生压力，影响读数。

【问题讨论】

1. 为什么新配制的葡萄糖溶液需放置一段时间后方可测定旋光度？

2. 如旋光管中有大气泡，对测定结果有什么影响？

3. 物质旋光度与哪些因素有关？

【实训报告】

请参照附录模板格式完成实训报告。

实验实训项目 2-2 乙酸乙酯的折光率测定

【实训目的】

1. 了解测定折光率的原理；

2. 掌握阿贝折光计的基本构造；

3. 学会液体有机化合物折光率的测定方法。

【实训用品】

1. 仪器　阿贝折光计、恒温槽、塑料滴管等。

2. 试剂　乙酸乙酯、丙酮、纯化水。

【实训内容与过程】

1. 实训内容乙酸乙酯的折光率测定。

2. 实训过程

（1）阿贝折光仪的校正：打开棱镜，滴 1 滴纯化水于下面镜面上，在保持下面镜面水平情况下关闭棱镜，转动刻度盘，使刻度盘上的读数等于该温度下纯化水的折光率（$n_D^{20} = 1.3330$），调节反射镜使入射光进入棱镜，使视场最明亮，调节目镜，使视场十字线交点最清晰。转动消色调节器，消除色散，使明暗线对准十字交点，校正即完毕。

（2）折光率测定：用丙酮清洗镜面后，滴加 1～2 滴乙酸乙酯溶液于毛玻璃面上，闭合两棱镜，旋紧锁钮。转动刻度盘罩外手柄，使刻度盘上的读数为最小，调节反射镜使光进入棱镜，使视场十字线交点最清晰。再次转动棱镜，使视场中出现的半明半暗现象，并在交界处有彩色光带，这时转动消色散手柄，使彩色光带消失，得到清晰的明暗界线，继续转动棱镜，使明暗界线正好与目镜中的十字线交点重合。从刻度盘上直接读取折光率并记录，同法测定两次。

（3）关闭仪器：用毕后，用沾有少量丙酮的擦镜纸擦干净，晾干后关闭。

（4）数据记录：

测定温度：℃

测试项目	1	2	3
折光率			
平均值			

【注意事项】

1. 注意保护折光计棱镜镜面，滴加液体时防止滴管口划镜面，以防在镜面上造成刻痕。

2. 使用前要认真清洗镜面，用擦镜纸轻擦，测试完毕，要用丙酮洗净镜面，待干燥后方可合拢棱镜。

3. 不能测定带有酸性、碱性或腐蚀性的液体。

【问题讨论】

1. 影响折光率测定的因素有哪些？

2. 使用阿贝折光计应注意哪些问题？

【实训报告】

请参照附录模板格式完成实训报告。

（孟　璐）

实验实训项目 3-1　紫外-可见分光光度法鉴别布洛芬

【实训目的】

1. 掌握紫外-可见分光光度法的基本原理；

2. 熟悉紫外-可见分光光度计的操作规程；

3. 了解紫外-可见分光光度法在药品鉴别方面的应用。

【实训用品】

1. 仪器　紫外-可见分光光度计、量筒、烧杯。

2. 试剂　0.4%氢氧化钠溶液。

3. 样品　布洛芬。

【实训内容与过程】

1. 实训内容　用紫外分光光度计测定布洛芬样品溶液的吸收曲线,确定最大吸收波长、最小吸收波长和肩峰。将吸收曲线的特征参数与资料显示数据比较,鉴别布洛芬的真伪。

2. 实训过程

（1）制备样品溶液:取布洛芬样品,加0.4%氢氧化钠溶液制成每1ml中约含布洛芬0.25mg的溶液。

（2）测定吸收曲线:取1cm石英比色皿,用0.4%氢氧化钠溶液作参比溶液,按照所用型号的紫外-可见分光光度计的操作规程,在200~600nm波长范围进行光谱扫描,测定布洛芬溶液的吸收曲线。

（3）数据记录与处理:从布洛芬溶液的吸收曲线上查找特征吸收并记录之。

最大吸收波长＿＿＿＿＿＿＿＿＿＿＿＿＿＿＿

最小吸收波长＿＿＿＿＿＿＿＿＿＿＿＿＿＿＿

肩峰＿＿＿＿＿＿＿＿＿＿＿＿＿＿＿＿＿＿＿＿

资料显示,布洛芬在265nm与273nm的波长处有最大吸收,在245nm与271nm的波长处有最小吸收,在259nm的波长处有一肩峰。

（4）结果判断:将测定的布洛芬溶液的特征吸收与资料显示的特征吸收进行对比,若两者一致,则认为布洛芬样品是真品。

【注意事项】

1. 操作仪器之前,应认真阅读紫外-可见分光光度计操作手册,或认真聆听老师讲解。

2. 开机前将样品室内的干燥剂取出。

3. 仪器自检和光谱扫描过程中,禁止打开样品室盖。

4. 测试时,禁止将试剂或液体放在仪器的表面上。

5. 比色皿内所盛溶液以皿高的2/3~4/5为宜,注意保护比色皿的透光面。

6. 测试结束后,将比色皿中的溶液倒尽,然后用纯化水或有机溶剂冲洗比色皿至干净,倒立晾干,放入比色皿盒。

7. 关电源,将干燥剂放入样品室内,盖上防尘罩,做好使用登记,得到老师认可后方可离开。

【问题讨论】

1. 为什么要用0.4%氢氧化钠溶液作参比溶液?

2. 配制布洛芬样品溶液,浓度是否需要十分准确? 为什么?

3. 如果用其他型号的紫外-可见分光光度计测定吸收曲线,能否得到相同的特征吸收?

【实训报告】

请参照附录模板格式完成实训报告。

实验实训项目3-2　紫外-可见分光光度法检测维生素C片的有色杂质

【实训目的】

1. 掌握紫外-可见分光光度计的操作方法;

2. 熟悉紫外-可见分光光度法在药品杂质检查方面的应用。

【实训用品】

1. 仪器　紫外-可见分光光度计、量筒、漏斗、烧杯。

2. 样品　维生素C片。

【实训内容与过程】

1. 实训内容　用紫外分光光度计测定维生素C片样品溶液在440nm波长处的吸光度,从而确定是否符合规定。

2. 实训过程

(1) 溶液的制备:取维生素C片10片,称重后研细,称取相当于维生素C 1.0g的细粉,加水20ml,振摇使维生素C完全溶解,滤过,取滤液备用。

(注:取片粉的量 $m = \dfrac{1.0}{Vc\,规格(g/片)} \times 平均片重$)

(2) 吸光度的测定:取两只1cm石英或玻璃比色皿,用纯化水作参比溶液,按照所用型号的紫外-可见分光光度计的操作规程,测定维生素C片供试品滤液在440nm波长处的吸光度。

(3) 数据记录与处理:维生素C片供试品滤液在440nm波长处的吸光度。

《中国药典》(2015年版)规定:测定的吸光度值,若小于0.07,则符合规定;若等于或大于0.07,则不符合规定。

(4) 结果判断:将测定的维生素C片供试品溶液的吸光度与规定值比较,判定有色杂质符合(不符合)规定。

【注意事项】

1. 严格按照紫外-可见分光光度计的操作规程安全操作。

2. 测定完毕,应将仪器恢复原状,填写仪器使用记录。

【问题讨论】

1. 测定维生素 C 片供试品滤液的吸光度时,为什么可以用玻璃比色皿?

2. 若维生素 C 片的规格为 0.1g/片,片剂研细后,称取相当于维生素 C 1.0g 的细粉,试计算应取片粉多少 g?

【实训报告】

请参照附录模板格式完成实训报告。

实验实训项目 3-3　维生素 B_{12} 的鉴别和含量测定

【实训目的】

1. 掌握紫外-可见分光光度法在定量分析及药品鉴别方面的应用;

2. 熟悉紫外-可见分光光度法在药品含量测定方面的应用。

【实训用品】

1. 仪器紫外-可见分光光度计、容量瓶、移液管。

2. 样品维生素 B_{12} 供试品。

【实训内容与过程】

1. 实训内容用紫外分光光度法鉴别维生素 B_{12},并测定其含量。

2. 实训过程

(1)溶液的制备:取供试品适量,精密称定,加水溶解,定量稀释制成浓度约为 $25\mu g/ml$ 的溶液,作为供试品溶液。

(2)吸光度的测定:取两只 1cm 石英比色皿,以纯化水作参比溶液,按照所用型号紫外-可见分光光度计的操作规程进行光谱扫描(250 ~ 600nm),得到维生素 B_{12} 的吸收曲线,寻找吸收峰,可得到在 278nm、361nm 和 550nm 波长处出现的 3 个吸收峰,然后,以上述 3 个吸收峰对应的波长作入射光,测量维生素 B_{12} 供试品溶液的吸光度。其中,以 361nm 波长处的吸光度作为定量测定的依据。

(3)数据记录与处理

波长 λ(nm)	278	361	550
吸光度 A			
结果计算	计算吸收度比值: $A_{361nm}/A_{278nm} =$ $A_{361nm}/A_{550nm} =$		
	计算维生素 B_{12} 的含量: $C_{63}H_{88}CoN_{14}O_{14}P\% = \dfrac{E_{1cm样}^{1\%}}{E_{1cm标}^{1\%}} \times 100\% =$ 或 $c = \dfrac{A_{361nm}}{207} =$		

《中国药典》(2015 年版)规定：对于维生素 B_{12} 的定性鉴别，361nm 波长处的吸光度与 278nm 波长处的吸光度比值应为 1.70 ~ 1.88；361nm 波长处的吸光度与 550nm 波长处的吸光度比值应为 3.15 ~ 3.45。对于维生素 B_{12} 的含量测定，应在 361nm 的波长处测定吸光度，按 $C_{63}H_{88}CoN_{14}O_{14}P$ 的吸收系数（$E_{1cm}^{1\%}$）为 207 计算含量，含 $C_{63}H_{88}CoN_{14}O_{14}P$ 不得少于 96.0%。

（4）结果判断：根据计算所得吸光度比值与规定值比较，判断是否符合规定；采用吸收系数法计算维生素 B_{12} 供试品的含量，判断其含量是否合格。

【注意事项】

1. 维生素 B_{12} 对光不稳定，应避光操作。

2. 保持电压稳定，严格按照紫外-可见分光光度计的操作规程安全操作。

3. 测定完毕，应将仪器恢复原状，填写仪器使用记录。

【问题讨论】

1. 采用吸光系数法直接测定样品含量有何要求？

2. 单色光不纯对于测得的吸收曲线有什么影响？

3. 试比较吸光系数法和标准曲线法进行定量分析的优缺点。

【实训报告】

请参照附录模板格式完成实训报告。

（闫冬良）

实验实训项目 4-1　红外分光光度法鉴别维生素 C

【实训目的】

1. 掌握红外分光光度计的操作规程；

2. 熟悉红外分光光度法的基本原理；

3. 了解红外分光光度法在药品鉴别方面的应用。

【实训用品】

1. 仪器傅里叶变换红外分光光度计、压片模具、压片机、玛瑙研钵、红外干燥灯。

2. 试剂溴化钾。

3. 样品维生素 C 原料药。

【实训内容与过程】

1. 实训内容用红外分光光度计扫描得到维生素 C 的红外光谱，与维生素 C 的标准图谱（红外光谱集 450 图）进行比对，从而鉴别维生素 C 的真伪。

2. 实训过程

（1）开机：开启红外分光光度计电源和电脑，稳定半小时，打开仪器操作软件。

（2）压片：取维生素 C 约 1mg 于玛瑙研钵中，加入干燥 KBr 粉末约 200mg，在红外灯下充分研磨混匀。然后转移到压片模具，铺布均匀，抽真空 2 分钟，加压至 0.8 ~ 1GPa，保持 2 ~ 5 分钟，去真空,取出制成的供试片,应透明均匀,无明显颗粒。

(3) 背景扫描:仪器稳定后,以空气为空白,进行背景扫描。

(4) 图谱检测:将样品薄片固定于样品架上,置于红外分光光度计的光路中测定,得到维生素 C 的红外光谱图,对其进行简单的编辑和修饰,并标注出吸收峰值,打印谱图。

(5) 图谱比对:将样品的谱图与光谱集中维生素 C 的红外谱图进行对比对照,判断两张谱图各吸收峰的位置、形状及相对强度是否一致(重点考虑最大吸收峰),如果一致,可判断维生素 C 为真品。

【注意事项】

1. 操作仪器之前,应认真阅读操作手册或聆听老师讲解。

2. 为防止仪器受潮而影响使用寿命,红外实验室应保持干燥(相对湿度应在65%以下)。

3. 由于各种型号的仪器性能不同,供试品制备时研磨程度的差异或吸水程度不同等原因,均会影响光谱的形状。因此,进行光谱比对时,应考虑各种因素可能造成的影响。

4. 样品的研磨要在红外灯下进行,防止样品吸水。

5. 压片模具、KBr 晶体等要放在干燥器内备用。

【问题讨论】

1. 红外压片时为什么要防潮?

2. 维生素 C 有哪些主要的红外特征吸收峰?

【实训报告】

请参照附录模板格式完成实训报告。

附:维生素 C 红外光谱图

图片来自:红外光谱集 450 图(药品红外光谱图集第一卷,化学工业出版社,1995)

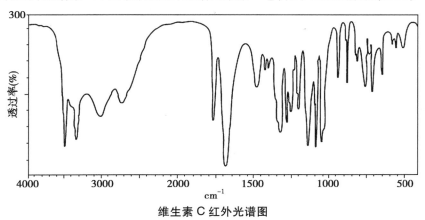

维生素 C 红外光谱图

（刘　浩）

实验实训项目 5-1　水样中微量铜的测定

【实训目的】

1. 掌握原子吸收分光光度计的操作流程;

2. 会用标准曲线法测定金属元素含量;

3. 了解原子吸收分光光度计的构造及工作原理。

【实训用品】

1. 仪器 原子吸收分光光度计、乙炔钢瓶、空气压缩机、容量瓶、移液管等。

2. 试剂 硫酸铜、纯化水。

3. 样品 自来水(铜未知液)。

【实训内容与过程】

1. 实训内容 采用火焰原子化法,照原子吸收分光光度法中的标准曲线法测定自来水中微量铜的含量。

2. 实训过程

(1) 铜标准系列溶液的制备:精密称取硫酸铜适量,加水溶解并稀释制成 $100\mu g/ml$ 铜离子的标准溶液,准确移取 0.0、1.0、2.0、3.0、4.0、5.0ml,分别置于 6 个 50ml 的容量瓶中,加水稀释到刻度,摇匀。

(2) 样品溶液的制备:在另外一个 50ml 容量瓶中准确移入水样 10ml,加水稀释到刻度,摇匀。

(3) 吸光度的测定:采用火焰原子化法,依次测定各溶液的吸光度值。

(4) 数据记录与处理:记录各溶液的吸光度,由标准溶液的浓度及对应的吸光度值绘制标准曲线,利用标准曲线求出水样中铜的浓度。

浓度(mg/L)						未知样品
吸光度						

(5) 测定结果:绘制 A-c 曲线,根据未知样品的吸光度 A 值在标准曲线上查出样品浓度,浓度为_____。

【注意事项】

1. 注意安全操作,严格按照开关机顺序操作。

2. 测定标准溶液吸光度时,按照浓度由低到高的顺序依次测定。

【问题讨论】

1. 为什么在测定样品溶液前用空白溶液清洗雾化系统?

2. 如何用标准加入法测定水中微量铜的含量?

【实训报告】

请参照附录模板格式完成实训报告。

(王艳红)

实验实训项目 8-1 薄层色谱法鉴别维生素 C

【实训目的】

1. 熟悉吸附薄层色谱法的原理;

2. 熟练掌握薄层色谱法的操作技术;

3. 会用薄层色谱法对药物进行定性鉴别。

【实训用品】

1. 仪器　三用紫外分析仪、烘箱、天平、研钵、展开缸、自制或市售薄层板、玻璃板(10cm×10cm)、毛细管、量筒等。

2. 试剂　硅胶 GF_{254}、1.0% CMC-Na 水溶液、乙酸乙酯、乙醇、纯化水等。

3. 样品　维生素 C。

【实训内容与过程】

1. 实训内容　根据吸附薄层色谱法的原理对维生素 C 进行鉴别,采用硅胶 GF_{254} 做吸附剂、乙酸乙酯-乙醇-水(5:4:1)做展开剂,在254nm 紫外灯下观察维生素 C 样品和对照品的斑点位置和颜色。

2. 实训过程

(1) 制备薄层板:准备好洗净并干燥的玻璃板;称取一定量的硅胶(取约 2～3g)加入适量纯化水(或者 1.0% 的 CMC—Na 溶液),比例一般为 1:3,在研钵中按同一方向研磨混匀,去除表面气泡后,将硅胶的匀浆快速均匀涂布在准备好的玻璃板上,使成厚度为 0.2～0.3mm 的均匀薄层。将涂布后的薄层板水平放置,室温晾干后,在 110℃ 活化 30 分钟,取出置干燥器中冷却至室温备用。

若采用市售薄层板,临用前一般在 110℃ 活化 30 分钟后,置干燥器中冷却至室温备用。

(2) 配制溶液:取维生素 C 样品适量置小烧杯中,用水溶解制成1ml 含1mg 的溶液,做样品溶液;称取维生素 C 对照品适量置容量瓶中,加水溶解制成1ml 含1mg 的溶液,做对照品溶液。

(3) 配制展开剂:按照乙酸乙酯-乙醇-水(5:4:1)的比例,分别量取一定量,根据需要配制成一定体积的溶液,混合后置展开缸中密闭饱和15～30 分钟。

(4) 点样展开:在距薄层板底边约1.5cm 处,用铅笔轻轻划一基线,用点样器(或毛细管)分别取样品和对照品点样,斑点直径不超过3mm。待溶剂挥散后,将薄层板点有样品的一端浸入展开剂约0.3～0.5cm,密闭展开,待展开剂移行约8cm 处,取出薄层板,用铅笔划出溶剂前沿,待溶剂挥散后,用紫外分析仪(254nm)检视,标出斑点位置及大小。

(5) 实验记录与结果判断:找出各斑点的中心点,测量各斑点移行距离及溶剂移行距离,分别计算比移值(R_f),进行比较以对样品进行鉴别。

测量内容	原点至溶剂前沿距离(c)	原点至样品斑点中心距离(a)	原点至对照品斑点中心距离(b)
测量值			
结果计算	(1) $R_{f(A)} = \dfrac{a}{c} =$ (2) $R_{f(B)} = \dfrac{b}{c} =$		
结果判断			

【注意事项】

1. 薄层板使用前应检查其均匀度,表面应均匀、平整、光滑、无麻点、无气泡、无破损及污染。

2. 样品和对照品用点样器(毛细管)不能混用。

3. 点样和画基线时切勿损坏薄层表面。

4. 实验结束后,展开剂须回收统一处理,不可直接倒入水槽。

【问题讨论】

1. 若展开剂不提前在展开缸中进行预饱和,对实验有什么影响?

2. 荧光薄层检测斑点的原理是什么?

【实训报告】

请参照附录模板格式完成实训报告。

(任玉红)

实验实训项目 9-1　气相色谱法测定乙醇中的水分

【实训目的】

1. 掌握外标法测定组分含量的方法及实验数据处理的方法;

2. 学会使用气相色谱仪及仪器的日常维护技术;

3. 了解气相色谱仪的构造及工作原理。

【实训用品】

1. **仪器**　气相色谱仪(配备 TCD)、色谱柱(GDX-203,$\Phi 4mm \times 2m$),氢气发生器(或氢气钢瓶)、微量进样器($5\mu l$),移液管($10ml$),容量瓶($10ml$),注射式试样过滤器(混合溶媒型,$0.45\mu m$)。

2. **试剂**　无水乙醇(AR),纯化水。

3. **样品**　乙醇试样。

【实训内容与过程】

1. **实训内容**　采用配备有 TCD 的气相色谱仪,照气相色谱法中的标准曲线法测定乙醇试样中的微量水分。

2. **实训过程**

(1) 色谱操作条件设置:载气:H_2,40 ~ 50ml/min;汽化室温度:150℃;柱温:120℃;检测器温度:150℃;桥电流:100mA。

(2) 水标准系列溶液的配制:精密量取纯化水 0.50、1.00、1.50、2.00、2.50ml 于 10ml 容量瓶中,用无水乙醇定容,配制成 5%、10%、15%、20%、25% 水的乙醇标准溶液,摇匀,贴标签,作为具有一定梯度浓度的标准系列溶液,备用。

(3) 定性:用微量进样器吸取微量纯化水注入色谱系统,记录水的保留时间(t_R)。在相同的实验条件下,将试样注入色谱系统,将纯化水的保留时间与试样中各组分峰的保留时间比较,确定试样中的水峰。

（4）测量：用微量进样器分别准确吸取 $2.0\mu l$ 标准系列溶液及乙醇试样溶液的续滤液,注入色谱系统,记录实验数据,平行测定 3 次。

（5）数据记录与处理：记录各溶液的峰面积,由标准溶液的浓度及对应的峰面积绘制标准曲线。利用标准曲线求出乙醇试样中水分的量 $c_{(试样)}$。

水浓度 c（%）		5	10	15	20	25	$c_{(试样)}=$
峰面积 A	I						
	II						
	III						
平均峰面积 A							
RSD（%）							

【注意事项】

1. 标准溶液与试样溶液的配制须用新开启的同一瓶无水乙醇。

2. 试样的浓度应在标准曲线浓度范围内,若试样的峰面积超出标准曲线范围,需要将试样稀释后再测定。

3. 先通载气,然后才可以打开桥电流开关。

【问题讨论】

1. 为什么选用 TCD 检测试样?

2. 气相色谱实训中对检测器的温度设置有什么要求?

【实训报告】

请参照附录模板格式完成实训报告。

实验实训项目 9-2　气相色谱内标对比法测定酊剂中乙醇含量

【实训目的】

1. 掌握内标对比法的基本原理和定量方法;

2. 学会仪器的使用及维护技术;

3. 了解 FID 的基本原理。

【实训用品】

1. 仪器　气相色谱仪（FID）,色谱柱（填充柱：10% PEG-20M,$\Phi4mm\times2m$;毛细管柱：KB-Wax, $30m\times0.32mm\times0.25\mu m$）,微量注射进样器 $1\mu l$,移液管（10ml）,容量瓶（100ml）,注射式试样过滤器（有机溶媒型,$0.45\mu m$）,氮气高压钢瓶（氮气发生器）,氢气发生器,自动空气源。

2. 试剂　无水乙醇（AR）,无水丙醇（AR）,纯化水

3. 样品　含乙醇的试样（藿香正气水、云香祛风止痛酊等）。

【实训内容与过程】

1. 实训内容　采用 FID 检测,照气相色谱法中的内标对比法测定酊剂试样中乙醇的含量。

2. 实训过程

（1）色谱条件设置:①填充柱色谱条件:载气:N_2,60ml/min;燃气:H_2,40ml/min;助燃气:空气,400ml/min;色谱柱:柱温 70℃;汽化室温度:140℃;检测器温度:150℃。②毛细管柱色谱条件:载气:N_2,0.45MPa;燃气:H_2,30ml/min;空气,300ml/min;分流比,100∶1;尾吹,20ml/min;柱温 70℃;汽化室温度:140℃;检测器温度:150℃。

（2）标准溶液的配制:精密量取无水乙醇 5.00ml 及无水丙醇 5.00ml 于 100ml 容量瓶中,加水稀释至刻度,摇匀,即成 $c_i\%_{(标,乙醇)}=5.00\%$,$c_s\%_{(标,丙醇)}=5.00\%$。

（3）试样溶液的配制:精密量取试样 10.00ml 及无水丙醇 5.00ml 于 100ml 容量瓶中,加水稀释至刻度,摇匀,即成 $c_s\%_{(样,丙醇)}=5.00\%$。

（4）测定:待基线平稳后,分别取无水乙醇及无水丙醇微量,注入气相色谱仪,记录无水乙醇及无水丙醇的保留时间。

待基线平稳后,用微量进样器分别取标准系列溶液与试样溶液的续滤液 0.5μl（毛细管柱 0.1μl）注入气相色谱仪,获得色谱图,记录实验数据,平行测定 3 次。

（5）数据记录与处理:记录测定数据,计算试样中乙醇的量。

| | | t_R（min） | A | | | | A_i/A_s | $c\%$ |
			I	II	III	平均值		
标准溶液	乙醇							5.00%
	丙醇							5.00%
试样溶液	乙醇							
	丙醇							5.00%
RSD(%)								

计算式

$$(c_i\%)_{样品}=\frac{(A_i/A_s)_{样品}}{(A_i/A_s)_{标准}}\times(c_i\%)_{标准}\times n\,(n\,为试样的稀释倍数)$$

【注意事项】

1. 使用注射器时不可将不锈钢芯全部拉出外套,注射器应随时保持清洁。

2. 仪器开机之前务必保证气路系统密封良好。

3. 氢火焰离子化检测器不点火时严禁通 H_2。

【问题讨论】

1. 内参比物质在标准溶液和试样溶液中加入的量是一致的吗?

2. 如何用内标对比法测定酊剂中乙醇的含量?

【实训报告】

请参照附录模板格式完成实训报告。

（梁芳慧）

实验实训项目 10-1　高效液相色谱法测定肌苷口服溶液的含量

【实训目的】

1. 掌握外标法的定量计算方法；

2. 熟悉高效液相色谱仪的基本操作；

3. 了解高效液相色谱仪的构造及工作原理。

【实训用品】

1. 仪器　高效液相色谱仪、ODS 色谱柱、容量瓶、移液管。

2. 试剂　甲醇、高纯水、肌苷对照品。

3. 样品　肌苷口服液。

【实训内容与过程】

1. 实训内容　采用高效液相色谱法中外标法定量方法测定肌苷口服液中肌苷的含量。

2. 实训过程

（1）溶液的制备：精密量取本品适量，用水定量稀释制成每 1ml 中约含肌苷 20μg 的溶液，作为供试品溶液。另取肌苷对照品适量，同法配制。

（2）测定：设定流动相甲醇-水的比例为 10∶90，紫外检测器的检测波长为 248nm。精密量取供试品溶液和对照品溶液各 20μl 注入液相色谱仪，记录色谱图。供试品溶液和对照品溶液各配制 2 份，每份进样两次。

（3）数据记录与处理：记录各色谱峰上肌苷的峰面积，以外标法计算肌苷口服液中肌苷的含量，含量应在 90.0% ～110.0% 之间。

测定对象	测定次数		保留时间（min）	峰面积	峰面积均值	含量计算及结论
对照品溶液	第一份	1				
		2				
	第二份	1				
		2				
供试品溶液	第一份	1				
		2				
	第二份	1				
		2				

【注意事项】

1. 手动进样时,进样针必须用待取溶液清洗 3 遍以上,进样量应为进样阀上定量环体积的 3~5 倍。若仪器配置自动进样器,应设置自动洗针程序。

2. 供试品溶液与对照品溶液的准确配制是实验结果准确的关键。

3. 实验中详细记录所用仪器、试剂及实验数据等信息。

【问题讨论】

1. 本次实验流动相最少应配制多少 ml?

2. 对照品溶液和供试品溶液配制好后是否可以直接进样?

【实训报告】

请参照附录模板格式完成实训报告。

实验实训项目 10-2　高效液相色谱法检查肌苷中的有关物质

【实训目的】

1. 掌握有关物质检查法中的不加校正因子自身对照法;

2. 熟悉高效液相色谱仪的使用。

【实训用品】

1. 仪器　高效液相色谱仪、ODS 色谱柱、容量瓶、移液管。

2. 试剂　甲醇、高纯水。

3. 样品　肌苷。

【实训内容与过程】

1. 实训内容　采用高效液相色谱法中的不加校正因子的主成分自身对照法测定肌苷中的有关物质含量。

2. 实训过程

(1) 溶液的制备:取本品适量加水溶解并稀释制成每 1ml 中含 0.5mg 的溶液,作为供试品溶液;精密量取供试品溶液 1ml,置 100ml 量瓶中,用水稀释至刻度并摇匀,作为对照溶液。

(2) 测定:设定流动相甲醇-水的比例为 10:90,紫外检测器的检测波长为 248nm。精密量取供试品溶液和对照溶液各 20μl,分别注入液相色谱仪,记录色谱图至主峰保留时间的 2 倍。供试品溶液和对照溶液各进样一次。

(3) 记录对照溶液色谱图上肌苷的峰面积及供试品溶液色谱图上各杂质峰的峰面积,根据峰面积的计算结果,判断肌苷中有关物质的检查是否符合药典要求。2015 版《中华人民共和国药典》对肌苷中有关物质检查的规定是:供试品溶液色谱图中如有杂质峰,各杂质峰面积的和不得大于对照溶液的主峰面积(1.0%)。

测定对象	保留时间（min）	峰面积	峰面积或 峰面积之和	有关物质检查的 结果及结论
对照溶液主峰				
供试品溶液杂质峰				

【注意事项】

1. 应进行空白实验以排除溶剂峰。

2. 肌苷峰与相邻杂质峰的分离度应符合要求,理论板数按肌苷峰计算不低于2000。

【问题讨论】

1. 本实验中有关物质的限量1.0%是如何得出的?

2. 本实验中供试品溶液和对照溶液配制的份数以及进样的次数与实训项目10-1中有何不同? 为什么?

3. 本实验中主峰的保留时间与色谱图的记录时间分别为多少?

【实训报告】

请参照附录模板格式完成实训报告。

附录

实验实训报告（模板）

样品名称：   样品批号：

检验项目：

仪器型号：   仪器编号：

测定过程：

数据记录与处理：

结果：

参考文献

［1］ 中国药典委员会. 中华人民共和国药典. 2015 年版. 北京：中国医药科技出版社,2015

［2］ 张寒琦. 仪器分析. 北京：高等教育出版社,2009

［3］ 师宇华,费强,于爱民,等. 色谱分析. 北京：科学出版社,2015

［4］ 谢庆娟,李维斌. 分析化学. 第 2 版. 北京：人民卫生出版社,2013:268-274

［5］ 郭丽霞,陈素娥. 分析化学. 西安：西安交通大学出版社,2014

［6］ 尹华,王新宏. 仪器分析. 北京：人民卫生出版社,2012

［7］ 梁述忠. 仪器分析. 第 2 版. 北京：化学工业出版社,2008

［8］ 张威. 仪器分析. 北京：化学工业出版社,2010

［9］ 靳丹虹. 分析化学. 第 2 版. 北京：中国医药科技出版社,2015

［10］ 闫冬良,王润霞. 分析化学. 北京：人民卫生出版社,2015

［11］ 黄一石. 仪器分析. 第 2 版. 北京：化学工业出版社,2009

［12］ 潘国石. 分析化学. 北京：人民卫生出版社,2014

［13］ 柴逸峰. 分析化学. 第 8 版. 北京：人民卫生出版社, 2016

［14］ 李涅,田景芝. 现代仪器分析. 北京：中国轻工业出版社,2013

［15］ 王润霞,叶桦珍. 仪器分析. 北京：人民卫生出版社,2012

［16］ 闫冬良. 药品仪器检验技术. 北京：中国中医药出版社,2013

［17］ 贺志安. 检验仪器分析. 北京：人民卫生出版社,2013

目标检测参考答案

绪　论

一、判断题

1. ×　2. √　3. √　4. √　5. √

二、简答题（略）

第一章　电位法和永停滴定法

一、填空题

1. 直接电位法、电位滴定法

2. 玻璃电极、饱和甘汞电极

3. E-V 曲线法、$\Delta E/\Delta V$-$\bar{V}$曲线法、$\Delta^2 E/\Delta V^2$-V 曲线法

4. 拐点、极值、等于 0

5. 玻璃电极和饱和甘汞电极、相同的铂（Pt）电极

二、判断题

1. ×　2. ×　3. √

三、简答题（略）

四、计算题

0.1000mol/L

第二章　一般光学测定法

一、判断题

1. ×　2. ×　3. ×　4. √　5. √

二、填空题

1. 旋光度

2. 比旋光度

3. 20℃

4. 越小

三、简答题(略)

四、实例分析

20. 96°

第三章　紫外-可见分光光度法

一、填空题

1. $400 \sim 760 \text{nm}, 200 \sim 400 \text{nm}$

2. $A = KcL$, 吸光系数

3. 入射光, 吸光度

4. 最大吸收波长, $\lambda_{\max}$

5. 摩尔吸光系数, 愈高

6. 浓度, 液层厚度

7. 最大吸收波长 $\lambda_{\max}$, 灵敏度

8. 工作曲线或标准曲线, 通过原点的直线

9. 单色光, 稀

10. 浓度, 液层厚度

11. 100%, 0

12. 越小, 越大

13. 棱镜, 光栅

14. 吸光系数法, 工作曲线法

15. 不变, 不变

二、判断题

1. ×　2. √　3. ×　4. ×　5. √　6. √　7. √　8. ×　9. √　10. √

三、简答题(略)

四、计算题

1. 标准对比法。(0.466mg/L, 钨灯)

2. 根据光的吸收定律, 求得。$[6.82 \times 10^4 \text{ L/(mol} \cdot \text{cm)}, 1.20 \times 10^3 \text{ L/(g} \cdot \text{cm)}]$

3. 根据光的吸收定律及吸光度、透光率的关系, 求得。$[9927 \text{L/(mol} \cdot \text{cm)}]$

4. 根据光的吸收定律, 求得。($5.14 \times 10^{-6} \sim 1.92 \times 10^{-5} \text{mol/L}$)

5. 标准对比法。(2.94mmol/L)

第四章　红外分光光度法

一、填空题

1. 官能团区, 指纹区

2.（1）辐射应具有能满足物质产生振动跃迁所需的能量；（2）辐射与物质间有相互偶合作用

3. 偶极矩

4. $C=O$

5. 低，低，高

6. 能斯特灯或硅碳棒

二、判断题

1. √　2. ×　3. ×　4. √　5. √　6. ×　7. ×　8. ×

三、多项选择题

1. AE　2. ACE　3. AC　4. ACD　5. ACE　6. ABCD

四、简答题（略）

五、图谱解析

1. 不饱和度：$\Omega = (2+2\times10-12)/2 = 5$，可能含有苯环

2. 峰归属

3060、3030cm^{-1} 是不饱和 C—H 伸缩振动 $\nu_{=C-H}$，说明化合物有不饱和双键；

2960、2870cm^{-1} 是甲基 C—H 伸缩振动 ν_{C-H}；

2820、2720cm^{-1} 是醛基 C—H 伸缩振动 ν_{C-H}；

1700cm^{-1} 强吸收是羰基伸缩振动 $\nu_{C=O}$；

1610、1570、1500cm^{-1} 是苯环骨架振动 $\nu_{C=C}$，说明化合物中有苯环；

苯环不饱和度为 4，羰基（$C=O$）不饱和度为 1，该化合物除苯环和羰基外的结构是饱和的；

1390、1365cm^{-1} 是 CH_3 的弯曲振动，说明化合物中有—CH_3；其中 1390 和 1365cm^{-1} 强度差不多，说明含有异丙基（两个甲基偶合）；

830cm^{-1} 是苯环对位取代的 C—H 弯曲振动，说明化合物为对位二取代苯；

3. 所以可能的结构为：

第五章　原子吸收分光光度法

一、填空题

1. $A = KC$

2. 频率　吸收系数　频率差 $\Delta\nu$

3. 高温石墨炉

4. 标准曲线法　标准加入法

5. 空心阴极灯

二、判断题

1. √ 2. × 3. ×

三、简答题（略）

四、计算题

0.53μg/ml

第六章　荧光分光光度法

一、选择题

（一）单项选择题

1. B　2. A　3. C　4. D　5. C

（二）多项选择题

1. ACD　2. BDE　3. ABD　4. BD　5. ABC

二、填空题

1. 发射光谱　激发光谱

2. 激发光源　单色器　样品池　检测器　显示系统

3. 在低浓度时荧光强度与荧光物质浓度成线性关系

三、简答题（略）

四、实例分析题

1.9μg/mg

第七章　色谱分析法导论

一、选择题

（一）单项选择题

1. B　2. D　3. E　4. D　5. B　6. C　7. D

（二）多项选择题

1. ABC　2. DE　3. ABCD　4. ABCDE

二、简答题（略）

第八章　薄层色谱法

一、填空题

1. 硅胶、聚酰胺、氧化铝

2. 比移值、0.2～0.8

3. 制板、点样、展开、显色与检视、记录

4. 除去水分、提高吸附活性

5. 黏合剂煅石膏、不含黏合剂

二、判断题

1. √　2. √　3. ×　4. √　5. √

三、综合题（略）

第九章　气相色谱法

一、填空题

1. 载气系统　进样系统　分离系统　检测系统　数据记录与处理系统

2. 时间　电信号（电压或电流）

3. 极性相似原则　官能团相似原则　主要差别原则

4. TCD　FID

5. 归一化法　外标法　内标法　标准溶液加入法

二、判断题

1. ×　2. √　3. ×

三、简答题（略）

四、计算题

1. A:11.4%　B:23.1%　C:17.9%　D:19.1%　E:28.4%

2. （1）$n = 10$；（2）0.76g/L

第十章　高效液相色谱法

一、填空题

1. 十八烷基硅烷键合相　甲醇-水　乙腈-水

2. 高　低　过滤　脱气

3. 等度洗脱　梯度洗脱

4. 紫外检测器　外标法

5. 高压泵　直

二、判断题

1. ×　2. √　3. ×

三、简答题（略）

四、计算题

99.1%

第十一章　其他仪器分析法简介

一、填空题

1. 进样系统　两个缓冲液槽　高压电源　检测器

2. 离子源　质量分析器

3. 射频发生器　扫描发生器　信号接收器

4. 将离子源产生的离子按质荷比(m/z)顺序分离

二、多项选择题

1. BC　2. ABCD　3. ABC

三、简答题（略）

仪器分析课程标准

供药学类、药品制造类、食品药品管理类、食品工业类专业用

ER-课程标准